Manuel Heckmair

Private Equity-Gesellschaften: Investoren oder Manager?

IGEL Verlag

Heckmair, Manuel

Private Equity-Gesellschaften: Investoren oder Manager?

1. Auflage 2009 | ISBN: 978-3-86815-205-0

Die Deutsche Bibliothek verzeichnet diesen Titel in der Deutschen Nationalbibliografie.
Bibliografische Daten sind unter http://dnb.ddb.de verfügbar.

IGEL Verlag

Inhaltsverzeichnis

Abbildungsverzeichnis

Abkürzungsverzeichnis

AG	Aktiengesellschaft
BAI	Bundesverband Alternative Investments
BEP	Break Even Point
BIMBO	Buy-In Management Buy-Out
CEO	Chief Executive Officer
CSFB	Credit Swiss First Boston (Private Equity-Gesellschaft)
DM	Deutsche Mark
EBIT	Earnings before interest and taxes
EBITDA	Earnings before interest, taxes, depreciation and amortization
EK	Eigenkapital
FAZ	Frankfurter Allgemeine Zeitung
FK	Fremdkapital
GB	Großbritannien
GK	Gesamtkapital
GmbH	Gesellschaft mit beschränkter Haftung
GuV	Gewinn und Verlust
HR	Human Resource
IBO	Institutional Buy-Out
IPO	Initial Public Offering
IRR	Internal Rate of Return
IT	Information Technology
KKR	Kohlberg, Kravis Roberts & Co. (Private Equity-Gesellschaft)
LBO	Leveraged Buy-Out
LZ	Lebensmittelzeitung
mbH	mit beschränkter Haftung
MBI	Management Buy-In
MBO	Management Buy-Out
PE	Private Equity
SPD	Sozialdemokratische Partei Deutschlands
SWOT	Strengths, Weaknesses, Opportunities and Threads
TPG	Texas Pacific Group (Private Equity-Gesellschaft)
VC	Venture Capital
WDR	Westdeutscher Rundfunk

I. Einleitung

Es war im Jahr 1988, als die Private Equity-Branche ihren ersten großen öffentlichen Auftritt hatte, und zwar in Gestalt eines Urgesteins des Beteiligungsgeschäfts, der Private Equity-Gesellschaft Kohlberg, Kravis, Roberts & Co. kurz KKR. Die Private Equity-Gesellschaft stand vor der Übernahme des Mischkonzerns RJR Nabisco, ein Deal, der viele Milliarden Dollar wert war.

KKR spielte dabei alle Regeln der Branche aus, benutzte beispielsweise sogenannte Junk Bonds, Ramschanleihen, um seine Mitbewerber auszustechen und gewann schließlich mit dem höchsten Gebot, rund 25 Milliarden Dollar, den Zuschlag für RJR Nabisco[1]. Damit hatten die Barbaren der Private Equity-Branche einen der wichtigsten Konzerne Amerikas übernommen. Das gab nicht nur Stoff für einen erfolgreichen Roman, „Die Barbaren vor den Toren", die Übernahme galt lange als größter Private Equity-Deal aller Zeiten. Und sie dient Kritikern seitdem als Zeichen für die grenzenlose Gier der Private Equity-Gesellschaften.

Spätestens seit sie vom damaligen SPD-Parteivorsitzenden Franz Müntefering als Heuschrecken gebrandmarkt wurden, haben Private Equity Gesellschaften auch in Deutschland einen schweren Stand. Müntefering brachte damals eine Liste in Umlauf, um die rücksichtslosesten Private Equity-Gesellschaften bloßzustellen.

---

[1] Vgl. Burrough, Hellyar (2000), S.20ff

Die „Heuschrecken"-Liste

DIE AUFKÄUFER
KKR, Apax, Carlyle, BC Partners, Advent, CVC, Permira, Saban Capital, Blackstone

AUFKÄUFE
Siemens Nixdorf, MTU, Gerresheimer Glas, Dynamit Nobel, Rodenstock, Celanese, Minimax, Demag, ATU Autoteile Unger, Debitel, Tank & Rast, Duales System Deutschland (DSD)

Abbildung 1: Die Heuschreckenliste[2]

„Wir müssen denjenigen Unternehmen, die die Zukunftsfähigkeit ihrer Unternehmen und die Interessen ihrer Arbeitnehmer im Blick haben, helfen gegen die verantwortungslosen Heuschreckenschwärme, die im Vierteljahrestakt Erfolg messen, Substanz absaugen und Unternehmen kaputtgehen lassen, wenn sie sie abgefressen haben",[3] war damals im SPD-Programmheft „Wohlstand heute und morgen" zu lesen. Gegen das regelmäßige Messen von Erfolgen ist aber eigentlich nichts einzuwenden. Auf der anderen Seite, wenn Unternehmen die Substanz abgesaugt wird oder sie an Private Equity zu Grunde gehen, steht das auf einem ganz anderen Blatt.

Obwohl die Bundesregierung 2005 laut und, wie man annehmen kann, wahlkampfwirksam, gegen die Private Equity-Branche wetterte, hat sie sogar schon selbst Geschäfte mit Private Equity-Firmen gemacht: 1998 verkaufte sie die Kette „Tank und Rast" an einen Zusammenschluss, an dem unter anderem die Private Equity-Firma Apax Partners und die Allianz Capital Partners beteiligt waren. Franz Müntefering war damals als Verkehrsminister maßgeblich am Deal beteiligt.[4]

Der Grundstein für die Heuschreckendebatte in Deutschland war aber mit Münteferings Aussagen gelegt und viele sprangen auf den Zug auf, so zum Beispiel die IG Metall: Dort sind es Mücken mit langen Rüsseln, die

---

2 Quelle: O.V. (2005), http://www.stern.de/wirtschaft/unternehmen/:Reaktionen-Heuschreckenliste-Unverst%E4ndnis/539803.html

3 SPD Programmheft (2005), Wohlstand heute und morgen, S. 28

4 Vgl. Maier (2007), S. 9

im Gewerkschaftsmagazin unter der Überschrift „Die Plünderer sind da" die Deutschland AG aussaugen. „Das Muster ist immer gleich", schreibt Werner Rügemer: Gesunde Firma, die dann dichtgemacht wird, „soziale Kahlschlagpolitik", es gehe nur um den Profit.[5]

Der lukrative Weiterverkauf gehe auf Kosten der Mitarbeiter, sagt Werner Rügemer auch heute. Trotzdem, sein Beitrag über Private Equity-Gesellschaften sei sehr negativ gewesen, frage ich. „Ja und?", antwortet er.[6]

Fakt ist, dass Private Equity-Gesellschaften durch ihre finanziellen Mittel einen enormen Einfluss auf die Unternehmen weltweit gewonnen haben. Mit Fonds jenseits der 20 Milliarden Euro sind auch die großen DAX-Unternehmen potentielle Übernahmeziele. BASF, MAN, Thyssenkrupp und Daimler – sie alle wurden schon von Private Equity-Gesellschaften kontaktiert.

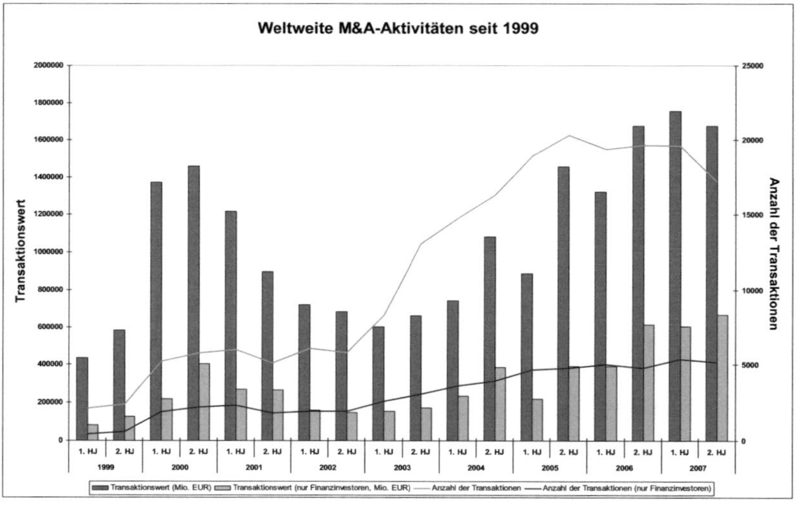

Abbildung 2: Anteil von Private Equity-Deals an Unternehmensfusionen7

Private Equity spaltet die Gesellschaft in diejenigen, die glauben, dahinter verberge sich die schlimmste Form des Turbokapitalismus und jene, die

5 Vgl. Rügemer (2005), S. 15

6 Quelle: Telefoninterview mit Werner Rügemer, 02.12.2008

7 ZEPHYR-Datenbank (2009), Bureau van Dijk Electronic Publishing; Berechnungen des ZEW

der Meinung sind, dass Private Equity endlich Schluss macht mit Filz und Beamtentum in deutschen Unternehmen.

Dass die Private Equity-Branche ein Imageproblem hat, das hat sie mittlerweile erkannt und darauf reagiert, mit eigenen Homepages im Internet und Öffentlichkeitsarbeit. Es war nämlich vor allem ein Bild, das viele Leute an Private Equity gestört hat: Das der gesichtslosen Investoren, die Unternehmen nur noch nach den nackten Zahlen bewerten, Mitarbeiter entlassen und Unternehmensteile verkaufen. Aber das ist genau der Punkt: Für die Leitung des Unternehmens, und damit für die unternehmerischen Entscheidungen, ist die Unternehmensführung zuständig, es ist nicht die Aufgabe der Investoren – eigentlich.

Hat sich das unter Private Equity-Gesellschaften geändert? Sind *sie* in Wahrheit die Lenker der Unternehmen, nicht die Geschäftsführer, CEOs, Vorstandsvorsitzenden? In meiner Untersuchung werde ich beispielhaft an zwei Fällen zeigen, wie Private Equity-Gesellschaften die Unternehmensführung beeinflussen – oder auch nicht. Dabei ist es zuerst wichtig zu wissen, wie Private Equity-Gesellschaften arbeiten, weshalb ich zunächst die Grundzüge dieser Gesellschaften erkläre.

Zum Thema „Der Einfluss von Private Equity-Gesellschaften auf die Unternehmensführung" motiviert hat mich eine Frau, die selbst seit Jahren in einem Unternehmen arbeitet, das von einer Private Equity-Gesellschaft übernommen wurde. Deshalb widme ich die Untersuchung dieser Frau, meiner Mutter Ursula Heckmair.

II. Hauptteil

„Früher haben wir angenommen, das Management würde das tun, was wir von ihm erwarten." (Henry Kravis, Gründer der Private Equity-Gesellschaft KKR)[8]

1. Was bedeutet Private Equity?

1.1. Einführung

An sich entspricht das Private Equity-Geschäft nur dem betriebswirtschaftlichen Streben nach einem Zins oder einer Rendite, die der Unternehmer als Ausgleich dafür bekommt, dass er Kapital zur Verfügung stellt.[9] Allerdings sind die Forderungen der Private Equity-Gesellschaft nach einer Rendite deutlich höher als die eines Normal-Bürgers auf dem Sparbuch: Die Grenze bei Private Equity-Gesellschaften wird gewöhnlich bei 20 Prozent Rendite gezogen: So viel Gewinn muss das Unternehmen im Durchschnitt mindestens machen, damit die Private Equity-Gesellschaft und ihre Investoren zufrieden sind.[10]

Dabei ist aber das Risiko, das die Private Equity-Gesellschaft trägt und das die Rendite in gewissem Sinne rechtfertigt, auch sehr viel höher als beim Sparbuch auf der Bank am Ort: Wirtschaftet die Private Equity-Gesellschaft nicht richtig, kann es schnell zum Totalverlust kommen. Dann ist das eingesetzte Kapital weg. Und während die größten und erfolgreichsten Private Equity-Fonds zum Teil Renditen von 30 Prozent und mehr erwirtschaften, verdienen die schlechteren Fonds jahrelang überhaupt nichts.[11]

1.2. Definition Private Equity

Private Equity ist eine Finanzierungsform, bei der eine Beteiligungsgesellschaft Anteile am Unternehmen oder ein komplettes Unternehmen kauft, das meistens zum Investitionszeitpunkt nicht an der Börse notiert ist. Die Übernahme erfolgt gewöhnlich mit dem Einverständnis des Zielunternehmens. Die Private Equity-Gesellschaft bekommt damit Eigentumsrechte am Unternehmen übertagen. Im Gegenzug stellt sie dem Zielunternehmen sowohl Kapital- als auch Managementressourcen zur Verfü-

---

8 Vgl. Schäfer (2006), S. 78

9 Vgl. Maier (2007), S. 5

10 Vgl. Brettel et al. (2008), S. 69

11 Vgl. Maier (2007), S. 245

gung. Das impliziert aber nicht, dass dieses Wissen auch unbedingt in Anspruch genommen werden muss. Schon in der Definition wird klar: Eine Private Equity-Gesellschaft nimmt in gewissem Sinne immer Einfluss auf den strategischen Fortgang des Unternehmens, indem sie Wissen in Form von Managementressourcen bereitstellt.[12]

Um in ein Unternehmen zu investieren, legt die Private Equity-Gesellschaft einen Fonds auf, an dem sich Investoren beteiligen können. Aus diesem Geldtopf, der bei den größten Private Equity-Gesellschaften Blackstone und Goldman Sachs im Jahr 2007 rund 20 Milliarden Dollar betrug,[13] legen sie dann Beteiligungskapital in Unternehmen an. (Siehe hierzu auch: Anlage 3, Die Größe von Private Equity-Fonds)

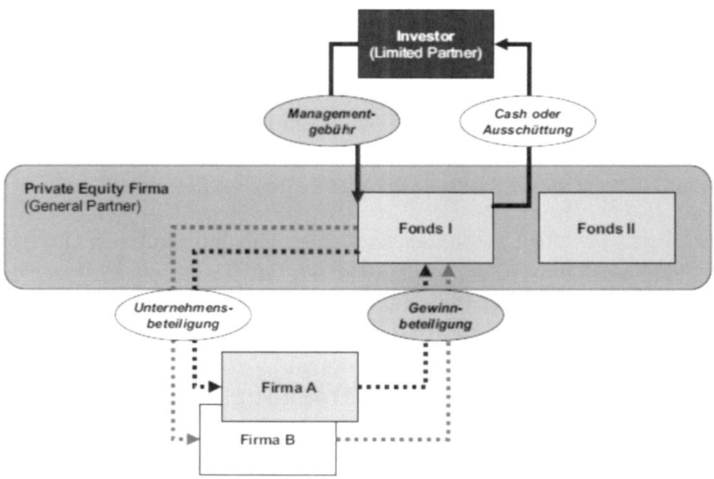

Abbildung 3: Organisation eines Private Equity-Fonds [14]

Das geschieht nur in den seltensten Fällen gegen den Willen des Unternehmens: Beide Seiten verhandeln meistens miteinander über die Investition. Beteiligt sich die Private Equity-Gesellschaft am Unternehmen, bekommt sie als Gegenleistung für das Kapital einen gewissen Einfluss.[15]

---

[12] Vgl. Grünbichler, Graf, Gruber (2001), S. 7 ff

[13] Quelle: Maier (2007), S. 23

[14] Quelle: Böttger (2006), S. 26

[15] Vgl. Grünbichler, A. (2001), S. 26

Meist beschränkt sich die Private Equity-Gesellschaft dabei auf die Überwachung und Beratung des Managements („Monitoring" und „Mentoring").[16] [17] [18]

Die Investition einer Private Equity-Gesellschaft in ein Unternehmen ist immer zeitlich begrenzt und dauert meistens zwischen 3 und 8 Jahre.[19]

1.3. Der Unterschied zwischen Private Equity und Venture Capital

In den 50ern gab es vorwiegend Venture Capital-Gesellschaften, die Hi-Tech-Unternehmen in der Gründerphase Eigenkapital zur Verfügung stellten. In den kommenden Jahren entfernten sich die Gesellschaften aber immer mehr von dieser Definition und engagierten sich auch in anderen Phasen des Unternehmens. Für Dieter Kaiser steht deshalb fest: „(...)Man (kann) sagen, dass die Trennlinie zwischen PE, VC und der Kapitalbeteiligungsgesellschaft verloren gegangen ist."[20]

Andere unterscheiden noch zwischen Private Equity und Venture Capital. Für sie ist VC ein Teilsegment von Private Equity.

1.4. Der Unterschied zwischen Private Equity und Hedge Fonds

Während sich Private Equity-Gesellschaften auf den Kauf von Unternehmen spezialisiert haben, die meist nicht an der Börse notiert sind, legen Hedge Fonds vor allem in Aktien und andere Anlagepapiere an.[21] Hedge Fonds spekulieren auf bestimmte Ereignisse, wie zum Beispiel das Steigen oder Fallen der Kurse.[22] Im Gegensatz zu einer Private Equity-Gesellschaft streben sie auch nicht die Mehrheit an einem Unternehmen an, sie agieren meistens als Minderheitsbeteiligte[23] und nehmen deshalb auch meistens keinen operativen Einfluss auf das Unternehmen.

Die Dauer ihrer Anlagen liegt deutlich unter der von Private Equity-Investitionen. Allerdings verschwimmen die Grenzen zwischen Private Equity und Hedge Fonds zusehends:[24] Cerberus startete zum Beispiel als reiner Hedge Fonds und handelt mittlerweile zum Teil wie eine Private

---

16 Vgl. Brettel et al. (2008), S. 94ff
17 Vgl. Grabherr, Stadler (Hrsg.) (2001), S. 39
18 Vgl. Mittendorfer (2001), S. 52
19 Vgl. O.V. (2008), Private Equity [online]
20 Kaiser (2004), S. 7
21 Vgl. O.V. (2005) Der aktuelle Begriff
22 Vgl. O.V. (2008) MBI-MBO [online]
23 Vgl. Kamp, Krieger (2005), S.31
24 Vgl. Schäfer (2006), S. 146 ff

Equity-Gesellschaft. In Deutschland zum Beispiel besitzt Cerberus große Pakete von faulen Krediten, aber auch viele Wohn- und Gewerbeimmobilien. Außerdem hält der Investor auch komplette Unternehmen, wie zum Beispiel bis vor einigen Jahren den Automobilzulieferer Peguform.[25]

Auch Private Equity-Gesellschaften agieren mittlerweile wie Hedgefonds, indem sie Minderheitsbeteiligungen an Unternehmen erwerben. Um trotzdem ein Wort bei wichtigen Entscheidungen mitreden zu können, lassen sie sich im Gegensatz zu Hedgefonds dabei aber meistens einen gewissen Einfluss auf das Unternehmen vertraglich zusichern.[26] Das können zum Beispiel garantierte Sitze im Aufsichtsrat sein.

Ein Beispiel für eine Minderheitsbeteiligung an einem Unternehmen ist der 4,5-prozentige Anteil, den der Private Equity-Investor Blackstone im Jahr 2006 an der Deutschen Telekom kaufte. Das sicherte dem Investor einen Sitz im Aufsichtsrat. Weil es intern allerdings zu Auseinandersetzungen mit der Unternehmensführung der Telekom kam, wird das Engagement von Blackstone mittlerweile von den Beteiligten als unglücklich bewertet.[27]

1.5. Buy-Outs

Den Großteil der Private Equity-Finanzierungen in Deutschland machen die Buy-Outs aus, im Jahr 2005 waren es 65,1 Prozent.[28] Das bedeutet, die meisten Unternehmen werden aufgekauft beziehungsweise übernommen. Buy-Outs lassen sich folgendermaßen klassifizieren:[29]

→ Nach der *Finanzierungsstruktur*: Sie steht bei Leveraged Buy-Outs im Mittelpunkt. Für die Finanzierungsstruktur ist es besonders wichtig, dass es sich um ein Unternehmen mit stabilen Cash Flows handelt.

→ Nach der *Transaktionsform*: Hierbei werden strategische Partner in die Transaktion mit einbezogen. Diese sogenannten Management Buy-Outs (MBO) sind Übernahmen von Unternehmen, bei denen sich das bisherige Management des Unternehmens durch Eigenkapitalanteile am Kauf mitbeteiligt und so den Kaufpreis teilweise mitfinanziert. Beim Management Buy-In (MBI) kauft sich ein externes Management in das Unternehmen ein und löst das bisherige

25 Vgl. Schäfer (2006), S. 82
26 Vgl. Schäfer (2006), S. 83
27 Vgl. Maier, (2007), S. 180 ff
28 Quelle: Brettel, et al. (2008), S. 12
29 Vgl. Brettel et al. (2008), S. 12

Management ab. Dazu gibt es außerdem die Transaktionsform das Buy-In Management Buy-Outs (BIMBO). Es verknüpft die beiden Transaktionen MBO und MBI: Ein externes Management-Team kauft sich in das Unternehmen ein, das alte Team bleibt aber erhalten. Beide Management-Teams bilden zusammen die Geschäftsleitung. Dabei handelt es sich meist um wichtige Leute, die ersetzt werden, wenn sie das Team verlassen. Zum Beispiel könnte ein neuer CEO oder Finance Director zum bereits existierenden Team stoßen.[30] Bei einem IBO, einem Institutional Buy-Out, ist das Management nicht als strategischer Partner in den Kauf involviert, sondern das Unternehmen wird von einem oder mehreren Finanzinvestoren gekauft.

→ Nach der *Unternehmensform*: Sie steht im Mittelpunkt bei Turnaround- oder Sanierungs-Buy-Outs. Wie der Name schon sagt, steht dort die Sanierung wirtschaftlich angeschlagener Unternehmen im Mittelpunkt.

1.6. Minderheitsbeteiligungen

Es kann aber auch sein, dass sich Unternehmen teilweise von Private Equity-Unternehmen finanzieren lassen, um so ganz konkret von der Managementerfahrung des Kapitalgebers zu profitieren. Besonders bei jungen Unternehmen kann die Teilnahme des Investors am operativen Geschäft, trotz Minderheitsbeteiligung, besonders intensiv sein.

Allerdings wird diesen Unternehmen nur dann Geld zur Verfügung gestellt, wenn sie sich in entscheidenden Entwicklungsphasen befinden.[31] Diese unterscheidet man am besten nach dem Zeitpunkt des Investments:[32]

→ *Seed Financing*: Kapital, um ein Unternehmenskonzept zu entwickeln oder Marktanalysen zu entwickeln. Das Unternehmen existiert hier erst als Idee, es muss noch ein Wirtschaftsplan erarbeitet werden. Für die Private Equity-Gesellschaft besteht ein hohes Risiko, das eingesetzte Kapital zu verlieren, wenn die Idee scheitert. Allerdings ist der Kapitaleinsatz hier auch relativ gering.

→ *Start-Up Financing*: Kapital für die Gründung des Unternehmens, Produktentwicklung oder erste Marketingausgaben.

---

30 Vgl. Simpson (2008), Management Buy-Ins, Management Buy-Outs [online]

31 Vgl. Bundesverband Alternative Investments (BAI) (2002): Alternative Investments – Grundlagen, Produkte, Chancen und Risiken

32 Vgl. Bader (1996), S. 103-109

→ *Early-Stage Financing*: Kapital, um die Fertigung und den Vertrieb aufzubauen, die Produktionskosten zu senken und den Break-Even-Point zu erreichen. (Der Punkt, nach dem ein Unternehmen Gewinn macht)

→ *Expansion Financing*: Die Private Equity-Gesellschaft stellt Kapital zur Verfügung, damit das Unternehmen im Inland weiter wachsen kann oder um ausländische Märkte zu erschließen. Das Unternehmen kann hier besonders profitieren von der Erfahrung und der Management-Unterstützung der Private Equity-Gesellschaft.

→ *Later-Stage Financing*: Kapital, um das Wachstum des Unternehmens weiter voranzutreiben, damit es einen höheren Gewinn abwirft, falls es verkauft werden soll.

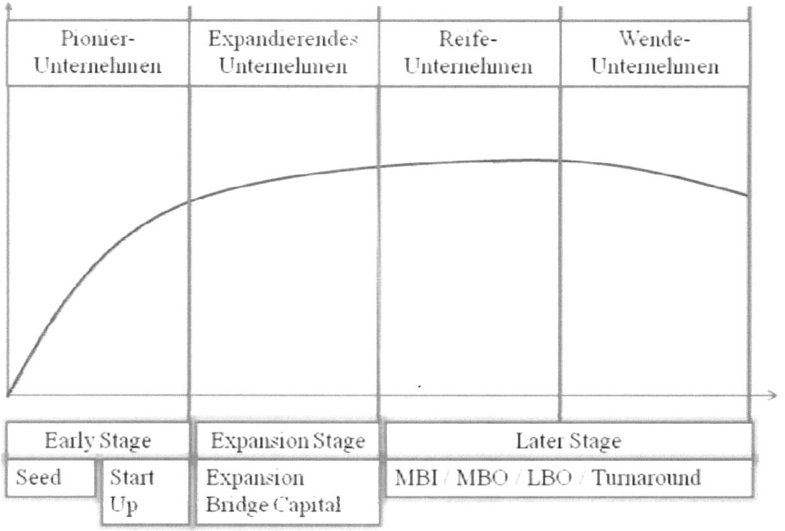

Abbildung 4: Finanzierungsphasen eines Unternehmens[33]

[33] Quelle: Blome-Drees, Rang, (2006), S. 14

2. Finanzpolitische Instrumente

Um Gewinne zu erzielen, bedient sich die Private Equity-Gesellschaft unter anderem dieser bestimmten finanzpolitischen Instrumente:

2.1. Der Leveraged Buy-Out

Das bedeutet, der Kauf eines Unternehmens wird zu einem erheblichen Anteil mit Fremdkapital finanziert. Die Private Equity Gesellschaft kauft das Unternehmen also auf Kredit, den sie entweder bei Banken aufnimmt oder sie emittiert Anleihen. Als Sicherheit für diese Anleihen dienen die Aktiva des Zielunternehmens.[34] [35]

Die Schulden, die die Private Equity-Gesellschaft beim Kauf macht, überträgt sie meistens auf das Unternehmen. Wie hoch diese Schulden sein dürfen, bestimmt der Cash Flow im Unternehmen. Je mehr Liquidität das Unternehmen hat, desto mehr steht für die Tilgung von Darlehen zur Verfügung. Bei einem Leveraged Buy-Out ist ein stabiler Cash Flow Voraussetzung für die Durchführbarkeit des Buy-Outs, weil durch den LBO hohe Fremdkapital-Zinsen fällig werden. Die lädt die Private Equity-Gesellschaft normalerweise dem Zielunternehmen auf. Das Unternehmen finanziert damit seinen Kauf im Grunde selbst.

Um eine hohe Rendite zu erzielen, ist es für Private Equity-Gesellschaften besonders wichtig, Schulden schnell abzubauen, die Kosten zu senken, die Effizienz im Unternehmen zu steigern und nicht operative Aktiva abzustoßen.[36]

2.2. Der Leverage-Effekt

Dabei macht sich die Private Equity-Gesellschaft die Finanzierung über Fremdkapital zu Nutze. Der Leverage-Effekt besagt, dass es immer dann zweckmäßig ist, Fremdkapital einzusetzen, wenn dessen Kreditzinsen niedriger sind als die effektive Verzinsung, die man mit dem Geld erzielen kann.[37] Das bedeutet, das Unternehmen macht Gewinn, solange die Zinsen auf das Fremdkapital niedriger sind als die Eigenkapitalverzinsung.

Dazu ein Beispiel aus dem Buch „Der Heuschrecken-Faktor" von Angela Maier:[38] Angenommen, ein Finanzinvestor kauft ein Unternehmen für 100

---

34 Vgl. Maier (2007), S. 18

35 Vgl. O.V. (2008), Leveraged Buy-Out [online]

36 Vgl. Baschung, Koller (2002), S. 7

37 Vgl. Wöhe (2002) S. 695

38 Maier (2007), S. 20

Millionen Euro und verkauft es zwei Jahre später wieder für 150 Millionen Euro. Finanziert er den Kaufpreis von 100 Millionen Euro komplett mit Eigenkapital, hätte er einen Gewinn von 50 Millionen Euro. Dieser entspräche einem IRR von 22 Prozent. Nimmt er jedoch für den Kauf von 80 Millionen Euro Kredit auf und finanziert nur 20 Millionen mit Eigenkapital, beträgt die Rendite ein Vielfaches jener 22 Prozent: Zwar fallen bei einem Zinssatz von acht Prozent über die zwei Jahre Zinszahlungen von 12,8 Millionen Euro an. (...) Entsprechend kann der Finanzinvestor nach zwei Jahren nur noch einen Preis von 137,2 Millionen Euro erzielen, und von diesem Betrag stehen 80 Millionen Euro den Kreditgebern zu. Doch den gesamten Rest – 57,2 Millionen Euro – vereinnahmt der Investor. Auf einen Einsatz von 20 Millionen Euro erzielt er also 37,2 Millionen Euro Gewinn – und einen IRR von sage und schreibe 69 Prozent. (Siehe dazu auch: Anlage 1, „Der Leverage-Effekt")

Dieses Beispiel ist allerdings ziemlich hoch gegriffen: Im Durchschnitt liegt der IRR von Private Equity-Gesellschaften seit 1980 bei 11,7 Prozent. Dabei schneiden mittlere und große Buy-Outs am besten ab, sie erzielten Renditen von 17,4 beziehungsweise 21,8 Prozent, Mega-Buy-Outs brachten im Schnitt 15,6 Prozent Rendite.[39]

Um die Schulden im Unternehmen zu tilgen, wird die Private Equity-Gesellschaft meistens nicht betriebsnotwendiges Vermögen des Unternehmens verkaufen. Wichtig für die Schuldentilgung ist aber auch der freie Cash Flow des Unternehmens. Je höher er ist, desto höher kann sich ein Unternehmen theoretisch auch verschulden, weil mehr Geld für die Tilgung der Darlehen zur Verfügung steht.

2.3. Interest Tax Shield

Auch Fremdkapitalzinsen können für das Unternehmen eine Werterhöhung darstellen: Weil sie steuerlich absetzbar sind, erhöhen sie den Wert des Unternehmens insofern, dass ein verschuldetes Unternehmen steuerliche Vorteile gegenüber einem unverschuldeten Unternehmen hat.[40]

---

39 Quelle: O.V. (2008), Private Equity-Renditen bleiben trotz Krise stabil [online]

40 Vgl. O.V. (2008), Tax Shield [online]

$$PV_T = = \frac{k * FK * s}{WACC}$$

k: Fremdkapitalkosten; s: marginaler Steuersatz; WACC: durchschnittlich gewichtete Kapitalkosten

Abbildung 5: Die Formel für die Berechnung des Barwerts des Tax Shields[41]

Dieser Effekt wird als Interest Tax Shield bezeichnet und wirkt sich positiv auf die Rendite des Unternehmens aus.[42] Außerdem wird, so schreibt Brettel[43], durch die regelmäßige Zinszahlung verhindert, dass freie Liquidität verschwendet wird, die das Management unter Umständen zum eigenen Wohl und nicht zum Wohl des Unternehmens eingesetzt hätte.

2.4. Ziele der finanzpolitischen Instrumente

All diese Instrumente werden genutzt, um den Gewinn des Unternehmens zu erhöhen. Die wichtigste Messgröße der Private Equity-Welt heißt IRR, Internal Rate of Return, der interne Zinsfuß. Je schneller ein Unternehmen mit Gewinn wieder verkauft werden kann, desto höher ist der IRR.[44] Dadurch, dass der Wettbewerb um gute Investitionen in den vergangenen Jahren immer härter geworden ist, ist die Zielrendite kontinuierlich zurückgegangen. Dennoch, als Untergrenze gilt für Finanzinvestoren ein IRR von 20 Prozent.[45]

---

41 Quelle: O.V. (2008), Tax Shield [online]
42 Vgl. Brettel et al. (2008), S. 68
43 Vgl. Brettel et al. (2008), S. 69
44 Vgl. Maier (2008), S. 18
45 Vgl. Brettel et al. (2008), S. 69

3. Wie Private Equity-Gesellschaften bei der Investition in ein Unternehmen vorgehen

3.1. Einteilung der Private Equity-Finanzierungen

Der grundsätzliche Prozess eines Private Equtiy Investments lässt sich in sechs Phasen einteilen:

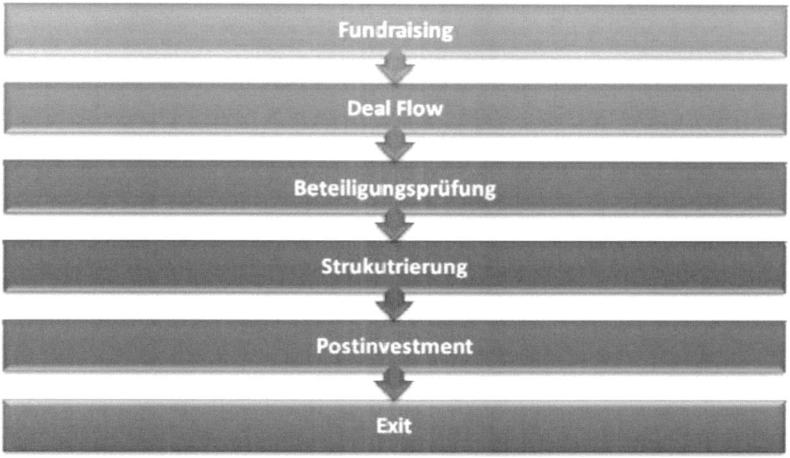

Abbildung 6: Die Phasen der Private Equity-Finanzierung[46]

3.2. Fundraising

Fundraising bedeutet, Kapital eintreiben. Dabei gewinnt die Private Equity-Gesellschaft institutionelle, industrielle oder private Anleger dafür, Anteile an ihrem Fonds zu zeichnen. Dieser Prozess des Fundraisings dauert rund 14 Monate, tritt die Private Equity-Gesellschaft das erste Mal auf, kann es auch noch länger dauern.[47]

Seine Kapitalgeber gewinnt die Private Equity-Gesellschaft, indem sie sie ganz gezielt auswählt und anspricht. Das passiert bei sogenannten Road Shows, also Präsentationen, oder Investor Meetings. Die Fonds werden in Deutschland meistens in der Rechtsform einer GmbH & Co. KG geführt, in England und den USA als sog. Limited Partnership. Die einzelnen Investoren beteiligen sich an der GmbH & Co. KG als Kommanditisten bezie-

[46] Quelle: Brettel et al. (2008), S. 18

[47] Vgl. Brettel et al. (2008), S. 23

hungsweise als Limited Partners. Der Vorteil: Die Haftung der Kommanditisten ist auf die Höhe ihre Kapitaleinlage begrenzt. Das bedeutet, der Investor haftet für Verluste nicht zusätzlich mit seinem Privatvermögen. Man unterscheidet verschiedene Gruppen von Finanzinvestoren.[48]

→ *Independent*: Unabhängige Finanzinvestoren, die keinem großen Konzern angehören und keine staatlichen Interessen verfolgen.

→ *Captive*: Das Beteiligungskapital dieser Finanzinvestoren wird von einem übergeordneten Konzern bereitgestellt.

→ *Semi-Captive*: Hier besteht ein kleiner, fester Gesellschafterkreis, von dessen Teilnehmern allerdings keiner die Gesellschaft dominiert. Diese Semi-Captive-Gesellschaften entstehen oft dann, wenn Captives nach einigen Jahren zusätzliche Mittel von anderen Investoren aufnehmen.[49]

→ *Public*: Diese Finanzinvestoren erhalten ihr Geld vom Staat und müssen bei der Investmentstrategie überwiegend staatlich vorgegebene Ziele verfolgen.

Ob ein Unternehmen in den Fonds einer Private Equity Firma investiert oder nicht, hängt ganz wesentlich von der Qualität der Private Equity-Gesellschaft ab. Denn zu dem Zeitpunkt, an dem das Unternehmen in den PE-Fonds investiert, steht noch nicht fest, für welche Unternehmen das Geld überhaupt verwendet wird. Die Qualität einer Private Equity-Gesellschaft lässt sich an Hand dieser Punkte einordnen:[50]

→ *Investmentstrategie*: Für welche Industrien, Regionen, und Finanzierungsstufen wird der Fonds verwendet?

→ *Track Record*:[51] Er beinhaltet die Internal Rates of Return, also die Rendite, welche die Private Equity-Gesellschaft in den vergangen Jahren erzielt hat.[52]

→ *Investmentteam*: Dabei interessiert den potentiellen Geldgeber: Welche Erfahrungen haben die einzelnen Mitglieder im Team, welche Qualifikationen haben sie im Hinblick auf einzelne Industrien oder Technologien? Außerdem wollen sie wissen, ob das Kernteam eine lange Transaktionserfahrung vorweisen kann und wie hoch die Fluktuation im Team ist.

---

48 Vgl. Brettel et al. (2008), S. 20
49 Vgl. von Daniels (2005), S. 20
50 Vgl. Brettel et al. (2008), S. 22-23
51 Blome-Drees, Rang (2006), S. 15
52 Vgl. Brettel et al. (2008), S. 69

Daneben ist ein Faktor von Bedeutung, der sich nur schwer messen lässt, allerdings auch Einfluss auf die Entscheidung des Unternehmens hat: Die Reputation. Sie steigt mit erfolgreich abgeschlossenen Deals. Zwar basiert sie zum Teil auf den IRR-Rankings, die menschliche Komponente spielt aber hier auch eine Rolle.[53]

Es dauert eine Weile, bis die Kapitalgeber ihr Geld wieder sehen: Meistens zwischen 3 und 10 Jahre. Dieser Zeitraum hat sich in den vergangenen Jahren verkürzt: Die Investoren versuchen zunehmend, ihr Geld schneller zurückzubekommen. Private-Equity-Gesellschaften suchen sich also Kapitalgeber, die wirtschaftlich in der Lage sind, Geld über einen diesen Zeithorizont bereitstellen zu können.

Nicht nur die Unternehmen machen sich Gedanken, wem sie ihr Kapital geben, auch die Private Equity-Gesellschaft informiert sich intensiv über ihre Kapitalgeber: Dazu führt sie eine sogenannte Due Diligence durch, eine sorgfältige, systematische und detaillierte Erhebung, Prüfung und Analyse der Daten des Investitionskandidaten.[54] Anschließend verhandelt die Private Equity-Gesellschaft mit den Kapitalgebern über die Verträge und Fondsanteile. Sind dann sämtliche Fondsanteile gezeichnet, wird der Fonds geschlossen.

Während der gesamten Investitionsphase steht die Private Equity-Gesellschaft in engem Kontakt mit den Investoren: Sie informiert die Kapitalgeber über die neuesten Entwicklungen im Unternehmen, Cashflows, die Bilanzen und die GuV-Rechnungen. Je besser sich die Investoren informiert fühlen, desto höher die Chancen, dass sie beim nächsten Deal wieder mit an Bord sind. Während wir also noch nicht den Einfluss von Private Equity-Gesellschaften auf die Unternehmensführung untersucht haben, ist klar, dass die Private Equity-Gesellschaften ihrerseits dem Druck ihrer Kapitalgeber ausgesetzt sind. Das bestätigt auch Thomas Krenz, Chairman der Private Equity-Gesellschaft Permira, im Interview mit dem „Spiegel"[55]

Während sich früher fast nur Versicherungen und Banken an der Finanzierung von Private Equity-Deals beteligt haben, hat sich das Spektrum in den vergangenen Jahren stark erweitert. Die Anleger lassen sich wie folgt einteilen:[56]

---

53 Vgl. Brettel et al. (2008), S. 23

54 O.V. (2006), Was ist eigentlich Due Diligence? [online]

55 Tuma, Pauly (2008), S. 85

56 Vgl. Brettel et al. (2008), S. 24

→ *Institutionelle Investoren*: Die traditionellen Partner der Private Equity-Gesellschaften, darunter fallen zum Beispiel Pensionsfonds, Versicherungen und Banken.

→ *Dachfonds*: Während „normale" Investmentfonds das Geld der Anleger sammeln und in Wertpapiere investieren, stehen Dachfonds eine Stufe über ihnen: Sie legen das Geld der Anleger in verschiedene Investmentfonds an.[57]

→ *Sonstige Kapitalgeber*: Dabei handelt es sich um Konzerne, staatliche und akademische Einrichtungen, Stiftungen und vermögende Privatpersonen. Schwierig wird es für Privatinvestoren: Neben der Einlage von mindestens 250.000 Euro können sich die renditeträchtigsten Private Equity-Gesellschaften ihre Kapitalgeber meistens selbst aussuchen. Dabei wählen sie Investoren, mit denen sie schon jahrelange Beziehungen pflegen und bei denen sie sicher sein können, dass sie auch wieder in den nächsten Fond investieren.[58] Bei der Auswahl der Fonds gibt es verschiedene Möglichkeiten. In der Praxis hat sich der geschlossene, zeitlich befristete durchgesetzt. Im geschlossenen Fonds müssen sich die Kapitalgeber über eine bestimmte Zeit binden.

57 Vgl. O.V. (2008), Dachfonds [online]

58 Vgl. Maier (2007), S. 247

Die unterschiedlichen Kapitalgeber, die in diese Fonds investierten, teilten sich im Jahr 2006 wie folgt auf:

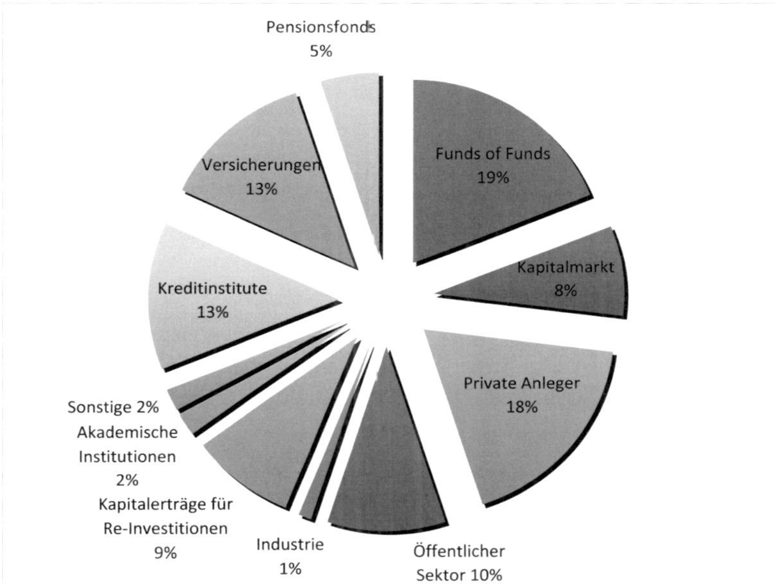

Abbildung 7: Kapitalgeber von deutschen PE-Gesellschaften im Jahr 2006[59]

Üblicherweise bilden die Kapitalgeber mit ihren Einlagen 99 Prozent des Fonds, den letzten Prozentpunkt bringt die Managementgesellschaft auf, die sich auch um die Leitung des Fonds kümmert. Das stellt sicher, dass die Managementgesellschaft die gleichen Interessen verfolgt wie die Kapitalgeber und keine unkalkulierbaren Risiken zu Lasten der Investoren eingeht.[60]

Die Managementgesellschaft bekommt für ihre Leistungen eine Vergütung in Form einer Managementgebühr (*management fee*), die für gewöhnlich zwischen zwei oder drei Prozent des Gesamtkapitals beträgt. Dazu kommt eine variable Erfolgsbeteiligung, die rund 20 Prozent der erwirtschafteten Gewinne beträgt. Sie wird aber nur ausgezahlt, wenn die Managementgesellschaft bestimmte Finanzziele erreicht, die vorher festgelegt wurden, zum Beispiel eine festgelegte Rendite.[61] Unter Umständen

---

59 Quelle: Brettel et al. (2008), S. 25

60 Vgl. Brettel et al. (2008), S. 26

61 Vgl. Brettel et al. (2008), S. 26 ff

werden auch die Manager der Zielunternehmen finanziell an der Übernahme beteiligt. Höhere Gehälter und Gewinnbeteiligungen sollen dafür sorgen, dass sie ihr Unternehmen auf Rendite trimmen.[62]

Beispiel Apcoa: Bei diesem Parkhausbetreiber wurden 68 Manager am Weiterverkauf des Unternehmens beteiligt und strichen satte Gewinne ein. Genauso beim Gabelstaplerhersteller Kion: Hier waren es sogar 250 Führungskräfte, die mitverdienten, als die Private Equity-Partner wieder ausstiegen. Und für das Management von Symrise bedeutete der erfolgreiche Börsengang des Unternehmens einen Bonus von insgesamt 36 Millionen Euro.[63]

3.3. Deal Flow

Als Deal Flow wird die Zahl der potentiellen Investmentmöglichkeiten bezeichnet, die der Private Equity-Gesellschaft angeboten wird.[64] Grundsätzlich kann der Deal Flow auf zwei verschiedene Arten generiert werden, nämlich aktiv und passiv.[65]

3.3.1 Aktive Deal Flow-Generierung

Sucht die Private Equity-Gesellschaft aktiv nach Investoren, geschieht das entweder durch eine systematische Analyse des Marktes oder durch die Kontaktvermittlung Dritter.

Bei der systematischen Analyse gehen die Private-Equity-Gesellschaften grundsätzlich in vier Schritten vor:[66]

→ Sie recherchieren potentielle Investmentziele über Datenbanken, in denen die wichtigsten Kennzahlen kleinerer und größerer Unternehmen erfasst sind. Hierbei suchen die Mitarbeiter nach Unternehmen, mit denen sie schon Erfahrung haben, zum Beispiel wegen ihrer Finanzierungsstufe, der geografischen Lage, der Branche oder der Größe des Unternehmens.

→ Anschließend holen sich die Mitarbeiter der Private-Equity-Gesellschaft nähere Informationen über das Unternehmen ein. Sie beschaffen sich diese Informationen aus Presseveröffentlichungen, reden mit anderen Personen, die im Unternehmen arbeiten oder

62 Quelle: Gespräch mit Werner Rügemer (2008)
63 Vgl. Maier (2007), S. 179
64 Vgl. O.V. (2008), Deal Flow [online]
65 Vgl. Brettel et al. (2008), S. 31
66 Vgl. Brettel et al. (2008), S. 31 ff

recherchieren im Internet. Bleibt das Unternehmen so interessant wie beim ersten Eindruck, wird darüber in einem Teammeeting beraten.

→ Hier werden die interessanten Unternehmen gemeinsam diskutiert, teilweise werden auch Industrie-Experten oder Vertreter der jeweiligen Unternehmen hinzugezogen.

→ Danach wird das aktive Unternehmen angesprochen. Dabei geht die Private Equity-Gesellschaft auf den Finanzierungsbedarf des Unternehmens ein und versucht, sich als möglicher Finanzierungspartner zu positionieren.

Nach Brettel[67] gehen 60 bis 80 Prozent aller Private Equity-Deals auf die Vermittlung Dritter zurück. Ihre wichtigsten Quellen sind dabei andere Private Equity-Gesellschaften, Banken, Wirtschaftsprüfer, Beratungsgesellschaften und Rechtsanwälte. Auch auf das eigene Netzwerk verlässt sich der jeweilig zuständige Mitarbeiter einer Private Equity-Gesellschaft um Deals zu generieren.

Oft binden Private Equity-Gesellschaften wichtige Persönlichkeiten aus Politik und Wirtschaft an sich. Das geschieht, indem diesen Personen eine Mitgliedschaft angeboten wird, die meistens an finanzielle Anreize geknüpft ist: Wenn sich der Fond gut entwickelt, bekommen die Experten aus Politik und Wirtschaft dafür Geld. Durch die Beteiligung an den Fonds sind die Beiratsmitglieder dann auch wirklich daran interessiert, dass die Deals, die sie vermittelt haben, erfolgreich sind.[68]

Der Nachteil einer Deal-Vermittlung durch Dritte ist, dass die Geheimhaltung des Geschäfts nicht mehr gewährleistet ist. Normalerweise finden Buy-Out-Transaktionen ohne das Wissen der Öffentlichkeit und anderer Finanzinvestoren statt. Wenn dieses Wissen an die Öffentlichkeit kommt, kann es zu einem Bieterkampf führen. Daraus resultiert dann unter Umständen ein höherer Kaufpreis für das Unternehmen als ursprünglich geplant. Die Private Equity-Gesellschaft muss also tiefer in die Tasche greifen, wenn jemand aus dem Umfeld nicht dichthält.

---

67 Brettel et al. (2008), S. 33

68 Vgl. Brettel et al. (2008), S. 34

3.3.2 Passive Deal Flow-Generierung

Hierbei geht das Unternehmen auf eine Private Equity-Gesellschaft zu, um diese als Finanzinvestor zu gewinnen. Gründe dafür können zum Beispiel die folgenden sein:[69]

→ *Fehlende Nachfolgeregelung*: Dem Familienunternehmen fehlt ein qualifizierter Nachfolger

→ *Hilfe bei der Restrukturierung*: Unternehmen wollen sich auf ihr Kerngeschäft fokussieren und bereinigen ihr Portfolio

→ *Going Private*: Unternehmen ziehen sich von der Börse zurück

→ *Sanierung von Krisenunternehmen*: Auf Grund von Kapitalmangel bietet sich ein Verkauf an, um wieder zu Geld zu kommen

→ *Privatisierung* von Staatsunternehmen

Allerdings eignet sich nicht jedes Unternehmen für eine Private-Equity-Finanzierung. Die folgenden Kriterien kennzeichnen einen erfolgreichen Buy-Out-Kandidaten:

→ Geringer Verschuldungsgrad

→ Umfangreiche Aktiva

→ Stabile und vorhersagbare Cash Flows

→ Kein Wachstumszwang (muss nicht exorbitant wachsen, um weiter Gewinne abzuwerfen)

→ Das Unternehmen bewegt sich in Märkten mit geringem Wachstumspotential und hohen Markteintrittsbarrieren

→ Er verfügt über einen hohen Marktanteil und einen etablierten Markennamen.

Auch organisatorisch gibt es wichtige Grundsätze:

→ Gutes Management

→ Keine Abhängigkeit von einzelnen, schwer ersetzbaren Personen

→ Geringer (Re-)Investitionsbedarf

→ Stabile Unternehmensstrukturen

→ Modernes Rechnungswesen, modernes Controlling

---

[69] Vgl. Brettel et al. (2008), S. 36ff

Die Private Equity-Gesellschaft überprüft dann an Hand des Business Plans des Unternehmens, ob es grundsätzlich an einer Investition interessiert ist.

3.4. Beteiligungsprüfung

Die Beteiligungsprüfung ist zu vergleichen mit der Bonitätsprüfung von Banken: Finanzinvestoren führen vor dem Buy-Out detaillierte Analysen über das interessante Unternehmen durch. Der Grund: Normalerweise verfügt eine Private Equity-Gesellschaft über wenig Detailwissen über das Unternehmen. Um das zu ändern, führt sie eine sogenannte Due Diligence durch. Deren Detailgrad wird bestimmt von drei Faktoren, dem Budget des Finanzinvestors sowie die Größe und Komplexität der Transaktion. Im Grunde will die Private Equity-Gesellschaft erreichen, dass sie selbst zu einem Firmeninsider wird, mit allem Wissen, das dazugehört. Zu unterscheiden ist dabei: [70]

→ Kommerzielles Wissen (Commerical Due Diligence)

Die Private Equity-Gesellschaft untersucht unter anderem den Markt und seine Entwicklung sowie das Nachfrageverhalten der Kunden. Dabei geht es vor allem darum, das Kaufverhalten gegenüber dem Zielunternehmen zu analysieren und die Wettbewerber richtig einzuschätzen.

Diese Informationen werden schließlich in einer SWOT-Analyse zusammengefasst.

Auf Basis dieser Informationen wird eine Umsatzplanung für die kommenden fünf bis acht Jahre entwickelt. Dafür wird eine Unternehmensberatung beauftragt. Sie erfasst die Entwicklung des Unternehmens idealerweise in einem Best Case, Worst Case und Realistic Case-Szenario.[71]

→ Finanzielles Wissen (Financial Due Diligence)

Die Private Equity-Gesellschaft sammelt Informationen über die Vermögens-, Finanz- und Ertragslage des Unternehmens. Im Grunde geht es dabei darum, zu prüfen, ob die Zahlen glaubwürdig sind, die das Unternehmen vorgelegt hat. Dafür werden grundsätzlich Wirtschaftsprüfungsgesellschaften eingesetzt. Ob das Unternehmen erfolgreich wirtschaftet, lässt sich dabei unter anderem mit bestimmten Kennzahlen analysieren: Besonders wichtig sind hierbei der EBITDA und der EBIT. (Siehe hierzu auch Anlage 2: „Wichtige Kennzahlen")

→ Rechtliches Wissen (Legal Due Diligence)

---

70 Vgl. Brettel et al. (2008), S. 53

71 Vgl. Vorlesung Thomas K. Stauffert, 25.04.2008

Hierbei bewertet ein Anwalt die rechtliche Situation des Unternehmens und erfasst dabei sämtliche Risiken, die sich durch interne und externe Rechtsverhältnisse ergeben könnten. Unter internen Rechtsverhältnissen sind zum Beispiel alle Vertragsverhältnisse mit Mitarbeitern und Vertretern des Unternehmens zu verstehen. Bei den externen Rechtsverhältnissen werden alle Beziehungen zu anderen Unternehmen beleuchtet. Das geht von kurzfristigen Auftragsbeziehungen bis hin zu langfristigen Kooperationsvereinbarungen und Joint Ventures.

Neben den genannten kann es weitere Bestandteile der Due Diligence geben. Diese sind abhängig von der Art und Größe des Unternehmens. Zu ihnen gehören:

- → Tax Due Diligence (Steuerliche Perspektive eines Unternehmens separat beurteilt)
- → Insurance Due Diligence (Lücken im Versicherungsschutz aufdecken)
- → Environmental Due Diligence (Umweltbezogene Risiken aufdecken)
- → IT Due Diligence (Informations-Technologie-Struktur überprüfen)
- → Human Ressource Due Diligence (Persönliche Eignung der Mitarbeiter überprüfen)

Hierbei steht aber nicht nur die Eignung der Mitarbeiter im Mittelpunkt, sondern auch der Grad der Mitarbeiterzufriedenheit, die Qualifikation des Managements und die Bereitschaft der Mitarbeiter, sich und das Unternehmen zu ändern.[72] Das wird besonders interessant, wenn es darum geht, die Eignung des Managements zu überprüfen: Ist es überhaupt möglich, mit diesen Geschäftsführern das Unternehmen zu hoher Rendite zu bringen? Die Private Equity-Gesellschaft wird sich darüber ganz besonders Gedanken machen und schon im Vorfeld dafür sorgen, dass die richtigen Manager in die richtigen Positionen kommen. Zu bedenken ist dabei, ob die Private Equity-Gesellschaft überhaupt in ein Unternehmen investieren würde, wenn das aktuelle Management überhaupt nicht in das Konzept der Private Equity-Gesellschaft passt.

Neben der Prüfung der verschiedenen Aspekte einer Unternehmensbeteiligung macht sich die Private Equity-Gesellschaft schon in dieser Phase Gedanken darüber, wie es den Exit, also den Ausstieg aus dem Unternehmen gestalten kann. Eins ist klar: Die Gesellschaft will den Ausstieg

---

[72] Vgl. O.V. (2008), HR Due Diligence [online]

mit maximaler Rendite. Sie spielt die zentrale Rolle bei allen Überlegungen.

Die Maximierung wird erreicht durch die Steigerung des Unternehmenswertes während der Beteiligungsdauer und die Maximierung des Fremdkapitalanteils.[73]

3.5. Strukturierung des Buy-Outs

Hat die Private Equity-Gesellschaft ein positives Ergebnis der Due Diligence vorliegen, wird sie ein Kaufangebot abgeben. Dann wird der Aufkauf des Unternehmens, der Buy-Out, eingeleitet. Er besteht aus drei unterschiedlichen Phasen, die sich zum Teil überschneiden oder untereinander konkurrieren.[74]

Abbildung 8: Die Bestandteile einer Buy-Out-Strukturierung:[75]

[73] Vgl. Blome-Drees, Rang, (2006), S. 17

[74] Vgl. Brettel et al. (2008), S. 67

[75] Quelle: Brettel et al. (2008), S. 67

3.5.1 Finanzielle Strukturierung

3.5.1.1 Das Magische Dreieck

Die Erfolgsgröße bei der Investition in ein Unternehmen ist die interne Verzinsung des eingesetzten Kapitals (Internal Rate of Return, interne Verzinsung). Die Maximierung des IRR geschieht unter zwei Nebenbedingungen: Einerseits muss die Private Equity-Gesellschaft darauf achten, dass das Zielunternehmen nicht insolvent geht, andererseits muss eine gewisse Flexibilität in Geldfragen gewährleistet sein. Es muss also abgewogen werden zwischen hohem Gewinn, dem Risiko der Insolvenz und der ständigen Verfügbarkeit des Geldes. Damit bezeichnen Rendite, Risiko und Liquidität die drei wichtigsten Größen bei jeder Geldanlage, sie werden als „magisches Dreieck" bezeichnet. Niemals können alle drei Ziele im gleichen Umfang erreicht werden.[76]

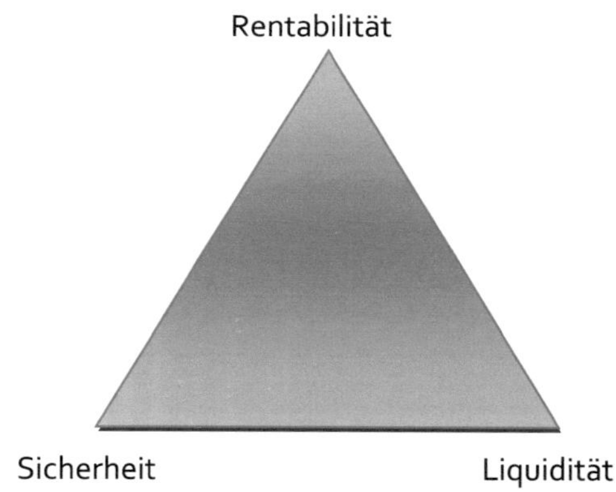

Abbildung 9: Das Magische Dreieck

Geht ein Unternehmen, in das die Private Equity-Gesellschaft investiert hat, in die Insolvenz, hat das unangenehme Folgen für den Investor.

- → Der Investor verliert sein eingesetztes Kapital, ihn können darüber hinaus auch die Prozesskosten treffen.
- → Außerdem sinkt die Wahrscheinlichkeit der Private Equity-Gesellschaft, bei zukünftigen Bieterverfahren berücksichtigt zu werden. Auch das Fundraising für neue Fonds wird schwieriger.

[76] Vgl. O.V. (2008) „Magisches Dreieck": Rendite, Risiko und Liquidität [online]

Darüber hinaus werden die Banken die Unterstützung der Private Equity-Gesellschaft zurückfahren, Fremdkapital wird schwieriger zu bekommen sein.

3.5.1.2 Arten der Finanzierung

Um ein Unternehmen zu finanzieren, stehen der Private Equity-Gesellschaft verschiedene Instrumente zur Verfügung: Eigenkapital, Fremdkapital und Mezzaine-Kapital.

→ Eigenkapital: Höhe und Struktur des Eigenkapitals bestimmen die Eigentumsverhältnisse im Unternehmen. Eigenkapital wird unbefristet zur Verfügung gestellt, es geht einher mit Mitwirkungs-, und Mitspracherechten sowie Zustimmungs- und Kontrollrechten. Die Höhe des Eigenkapitals richtet sich nach dem erzielbaren Volumen an erstrangigem Fremdkapital (Senior Debt) und der minimalen Eigenkapitaleinlage, die der Finanzinvestor einsetzen will.

Üblicherweise wird das Eigenkapital auf diesen vier unterschiedlichen Wegen zur Verfügung gestellt:

- den Stammaktien (eingebracht vom Management)
- den Vorzugsaktion (Preference Shares) (eingebracht vom Finanzinvestor)
- den Kapitalrücklagen
- dem Gesellschafterdarlehen

Ihr Anteil am Buy-Out beträgt in den meisten Deals zwischen 30 und 40 Prozent.[77]

→ Erstrangiges Fremdkapital: So werden Darlehen bezeichnet, die im Rahmen der Akquisitionsfinanzierung zur Verfügung gestellt werden. Ihr Anteil am Buy-Out beträgt in den meisten Deals zwischen 50 und 60 Prozent.[78]

→ Mezzanine-Kapital: Eine hybride Finanzierungsform. Sie weist sowohl Elemente von Eigenkapital, als auch von Fremdkapital auf. Klassische Unterscheidungsmerkmale gegenüber Fremdkapital sind die Nachrangigkeit gegenüber klassischem Fremdkapital, die zeitliche Befristung und eine steuerliche Bevorzugung. Der Vorteil von Mezzanine-Kapital: Es ist sehr flexibel.

---

77 Vgl. Brettel et al. (2008), S. 74 ff

78 Vgl. Brettel et al. (2008), S. 78

Die Vergütung unterteilt sich in eine feste Grundverzinsung und eine variable Zinsmenge. Ergänzend kann es eine Abschlusszahlung am Ende der Laufzeit geben. Der Anteil von Mezzanine-Kapital am Buy-Out beträgt üblicherweise zwischen 10 und 20 Prozent.[79]

3.5.2 Rechtliche Strukturierung

Um die rechtliche Strukturierung des Unternehmens zu verstehen, sind drei Aspekte wichtig: Die Ziele der Beteiligten, die verschiedenen Formen des Unternehmenskaufes und die steuerlichen Parameter eines Buy-Outs.

Die Ziele der Beteiligten: Wichtig ist zu erkennen, dass die Interessen der Beteiligten zum Teil nicht miteinander vereinbar sind. Welcher Beteiligte sich bei den Verhandlungen durchsetzt, hängt überwiegend von dessen Geschick ab. Die rechtliche Strukturierung muss in gewisser Weise die Ziele beider Seiten berücksichtigen, sowohl vom Investor als auch vom Zielunternehmen. Die rechtliche Strukturierung wird vor allem von steuer- und haftungsrechtlichen Inhalten beeinflusst.[80]

Der Verkäufer hat, rechtlich gesehen, vor allem zwei Ziele: Steuerneutralität und Verringerung von Haftungsrisiken. Der Verkäufer wird beim Verkauf seines Unternehmens darauf achten, dass er seinen Gewinn so gering wie möglich versteuern muss. Gleichzeitig bevorzugt er eine Freistellung von jeglicher Haftung für vergangene Geschäfte und eventuelle Qualitätsmangel des Unternehmens. Gerade steuerliche Vorteile sind seit der Steuerreform von 2001 erheblich schwerer geltend zu machen.[81]

Die Formen des Unternehmenskaufs: Der Begriff „Unternehmen" ist rechtlich nicht definiert. Er bezeichnet die Gesamtheit von Sachen, Rechten und Vertragspositionen. Bei der Veräußerung eines Unternehmens muss all das erfasst werden. Dabei werden zwei unterschiedliche Grundtypen des Unternehmensdeals unterschieden, der Share Deal und der Asset Deal.

Bei einem Asset Deal werden die Vermögensgegenstände des Unternehmens einzeln übertragen. Das hat den Vorteil, dass die einzelnen Teile leicht auf Mängelfreiheit überprüft werden können. Die Risiken eines Asset Deals sind also relativ gering. Üblicherweise kommt ein Asset Deal zum Einsatz, wenn nur Teile des Unternehmens veräußert werden sollen und auf eine Spaltung, Ausgliederung, etc. verzichtet wird.

---

79 Vgl. Brettel et al. (2008), S. 76
80 Vgl. Brettel et al. (2008), S. 82
81 Vgl. Brettel et al. (2008), S. 84

Bei einem Share Deal wird das Unternehmen als Ganzes erworben, mit allen bekannten und unbekannten Verbindlichkeiten. („Gekauft wie gesehen") Hier sollte die Due Diligence detaillierter und sorgfältiger ausfallen, weil das Risiko insgesamt gesehen höher ist.

3.5.3 Vertragsabschluss

Die Erkenntnisse aus der Due Diligence und Strukturierungsphase fließen im Kaufvertrag zusammen. Er regelt den Übergang von einzelnen Vermögensgegenständen beziehungsweise dem gesamten Unternehmen. Zwischen dem Abschluss des Kaufvertrages und dem eigentlichen Eigentumsübergang, dem Closing, liegt aber eine gewisse Zeitspanne. In dieser Zeit werden alle Kaufdokumente zusammengetragen und dem Käufer zugänglich gemacht. In der Zwischenzeit trägt der Käufer bereits das Risiko von negativen Einflüssen auf den Wert des Unternehmens. Deshalb wird dem Verkäufer in dieser Phase meistens auch untersagt, Aktivitäten außerhalb des normalen Geschäftsbetriebes zu unternehmen, ohne sie mit dem neuen Investor abzusprechen. Im Kaufvertrag wird der endgültige Kaufpreis festgelegt, der einerseits von den Ergebnissen der Vorverhandlungen abhängt, meistens aber in abschließenden Verhandlungen noch einmal angepasst wird.[82]

3.6. Postinvestmentphase

Nach der abgeschlossenen Finanzierung rückt in der Postinvestment-Phase die Unterstützung des Unternehmens in den Vordergrund.

[82] Vgl. Brettel et al. (2008), S.89

Diese Unterstützung lässt sich in drei verschiedene Teile aufspalten.

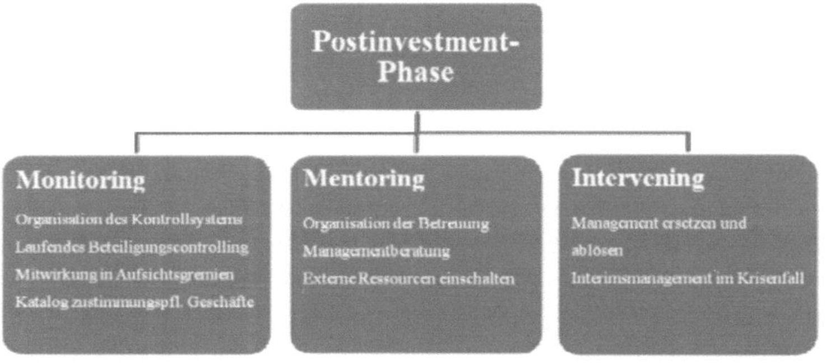

Abbildung 10: Der Einfluss der Private Equity-Gesellschaft während der Postinvestment-Phase[83]

3.6.1 Monitoring

Im Beteiligungsvertrag mit dem Unternehmen hat sich das Private Equity-Unternehmen umfangreiche Informations- und Kontrollrechte einräumen lassen. Sie hat so sichergestellt, dass sie jederzeit darüber im Bild ist, wie gut oder schlecht es im Unternehmen läuft. Außerdem will die Private Equity-Gesellschaft bei wichtigen Unternehmensentscheidungen mitreden können. Deshalb wird häufig ein Maßnahmenkatalog verabschiedet, in dem genau festgelegt wird, welche Geschäfte zustimmungspflichtig sind.

Grundsätzlich unterscheidet man beim Monitoring zwischen passiven, semi-aktiven und aktiven Investitionen. Sie unterscheiden sich im Einfluss, den die Private Equity-Gesellschaft auf das Unternehmen nimmt.

Bei passiven Investitionen erhält der Investor periodisch Informationen über die Leistung des Unternehmens. Er ist nicht im Kontrollorgan des Unternehmens vertreten.

[83] Quelle: Brettel et al. (2008), S. 94

Bei semi-aktiven Investitionen ist die Private Equity-Gesellschaft im Kontrollorgan des Unternehmens vertreten und verfolgt die Entwicklung des Unternehmens intensiv. Bei der aktiven Investition schaltet sich die Private Equity-Gesellschaft aktiv in die operativen und strategischen Geschäfte des Unternehmens ein.[84]

Üblicherweise entsendet die Private Equity-Gesellschaft aber einen Vertreter in den Aufsichtsrat oder Beirat des Unternehmens, falls das Unternehmen über ein solches Kontrollorgan verfügt.

Es ist auch üblich, dass das Unternehmen während der Postinvestment-Phase laufend überwacht wird, um die Risiken der Investition in das Unternehmen zu minimieren.

Weil die Private Equity-Gesellschaft das Monitoring alleine betreibt und dafür viel Geld aufbringt, wälzt es einen Teil der Kosten auf das Zielunternehmen ab. Üblicherweise ist das eine transaktionsabhängige Gebühr in Höhe von rund 5 Prozent des EBITDA (Gewinn vor Steuern und Abschreibungen).[85]

Um das Unternehmen zu überwachen und zu kontrollieren, bedient sich die Private Equity-Gesellschaft spezieller Instrumente:[86]

- → Organisation des Kontrollsystems: Die Monitoring-Aktivitäten der Private Equity-Gesellschaft müssen frühzeitig geplant werden: Schon in der Investmentphase werden im Beteiligungsvertrag umfangreiche Informations- und Kontrollrechte für die Private Equity-Gesellschaft vereinbart. Bereits in der Phase der Due Diligence überprüft die Private Equity-Gesellschaft die internen Managementinformations- und Reporting-Systeme und verbessert sie unter Umständen.
- → Die Private Equity-Gesellschaft verpflichtet das Unternehmen, ein regelmäßiges Informationssystem in einem einheitlichen Format zu installieren. Ziel der Vereinheitlichung ist es, die eigenen Ressourcen zu entlasten und damit die Überwachung zu vereinfachen. Außerdem erleichtert sie das Erstellen von Reporten für die anderen Investoren.

---

84 Blome-Drees, Rang, (2006), S. 18

85 Vgl. Brettel et al. (2008), S. 96

86 Vgl. Brettel et al. (2008), S. 97-98

→ Laufendes Beteiligungscontrolling: Das Unternehmen hat sich im Beteiligungsvertrag auch zu einem regelmäßigen, meist monatlichen Reporting gegenüber der Private Equity-Gesellschaft verpflichtet. Sie muss regelmäßig aktualisierte Bilanzen, Gewinn- und Verlustrechnungen und Cash Flow-Rechnungen übermitteln. Darüber hinaus muss sie detaillierte Businesspläne vorlegen.

→ Auch Berichte über den Stand der technischen Produktentwicklung, Vertriebszahlen, Vermarktungserfolge, Auftragsbestände und Vertragsabschlüsse fordert die Private Equity-Gesellschaft an. Um deren Richtigkeit zu überprüfen, gleicht die Private Equity-Gesellschaft die Informationen häufig mit externen Quellen ab. Die Private Equity-Gesellschaft führt regelmäßig einen Soll-Ist-Vergleich durch, um den Erfolg des Unternehmens zu gewährleisten. Abweichungen vom Businessplan sollen rechtzeitig erkannt werden, die Private Equity-Gesellschaft will frühzeitig reagieren können.

→ Mitwirkung in Aufsichtsgremien: Gerade im deutschsprachigen Raum ist es üblich, einen oder mehrere Vertreter der Private Equity-Gesellschaft in das Aufsichts- oder Beratungsgremium zu entsenden.[87] Damit hat die Private Equity-Gesellschaft automatisch Einfluss auf die Entscheidungen und Beschlüsse des Unternehmens.

→ Außerdem bekommt die Private Equity-Gesellschaft so mehr wichtige Informationen über das Unternehmen und fördert eine einheitliche Position der Eigenkapitalgeber.

→ Zustimmungspflichtige Geschäfte: Über den Katalog zustimmungspflichtiger Geschäfte, den die Private Equity-Gesellschaft erstellt, bekommt sie Einfluss auf alle wichtigen strategischen Geschäfte des Unternehmens und auf Investitionen, die die finanzielle Situation des Unternehmens nachhaltig beeinflussen könnten. Bei solchen Geschäften müssen Vorstand und Aufsichtsrat zustimmen.

Der Katalog zustimmungspflichtiger Geschäfte ist ein sehr flexibles Instrument, weil er für jedes Unternehmen maßgeschneidert werden kann: Je nach Größe, Branche, Phase im Lebenszyklus, etc. Das Inkrafttreten einer Zustimmungspflicht kann außerdem an bestimmte Voraussetzungen geknüpft werden, wie zum Beispiel das Verfehlen von Meilensteinen.[88]

---

87 Vgl. Brettel et al. (2008), S. 98
88 Vgl. Brettel et al. (2008), S. 99

Auch durch die Kontrolle kann die Private Equity-Gesellschaft Einfluss auf die Strategie des Unternehmens nehmen. Sie übernehmen damit eine wichtige Funktion, die Banken mit Sitz im Aufsichtsrat nach Meinung von Investment-Bankern nicht ausreichend ausgefüllt haben.[89]

3.6.2 Mentoring

Mentoring bedeutet, dass die Private Equity-Gesellschaft das Management berät und betreut. Sie stellt ihm außerdem das eigene Netzwerk an Kontakten zur Verfügung. Die Unterstützung bezieht sich auf alle Bereiche des Unternehmens. Die Private Equity-Gesellschaft bringt ihr Know-How in Managementfragen ein und steht als Ansprechpartner für sämtliche betriebswirtschaftliche Fragen zur Verfügung, sowohl strategischer als auch operativer Art. Aus Sicht des Unternehmens stellt die Private Equity-Gesellschaft mit dem Mentoring die wichtigste Komponente der Private Equity-Finanzierung zur Verfügung. Am besten funktioniert die Verbindung zwischen Private Equity-Gesellschaft und Zielunternehmen, wenn beide Seiten die Zusammenarbeit als wertvoll und gewinnbringend sehen. Deshalb versucht die Private Equity-Gesellschaft im Idealfall, sich von Anfang an hochprofessionell und leistungsorientiert zu zeigen und dem Management die Zusammenarbeit zu signalisieren.[90]

Über die gesamte Dauer des Investments hat die Private Equity-Gesellschaft die Möglichkeit, das Zielunternehmen aktiv zu beeinflussen. Inwieweit sie sich tatsächlich einmischt, hängt von einer Reihe von Faktoren ab.[91] Dazu gehören zum Beispiel die (subjektive!) Qualifizierung des Managements und die Kooperationsbereitschaft des Unternehmens. Von Seiten der Private Equity-Gesellschaft ist es besonders wichtig, das Zielunternehmen ernst zu nehmen und sich über die Branche und ihre Eigenheiten zu informieren. Sie müssen dem Zielunternehmen gegenüber als Fachmänner auftreten.

Einschaltung externer Ressourcen: Wenn es dem Unternehmen in einem Bereich an Fachwissen oder Personal mangelt, schaltet die Private Equity-Gesellschaft externe Unterstützung ein. Dabei kann es sich zum Beispiel um eine Unternehmensberatung handeln oder bei Rechtsfragen um eine Anwaltskanzlei.

---

89 Vgl. Handelsblatt vom 13.-15.05.2005, S. 25

90 Vgl. Brettel et al. (2008), S. 101

91 Vgl. Brettel et al. (2008), S. 100

3.6.3 Intervening

Der Erfolg des Unternehmens, und damit die Rendite der Private Equity-Gesellschaft hängt von der Qualität des Managements und der Fähigkeit der einzelnen Mitglieder ab. Verliert die Private Equity-Gesellschaft aus unterschiedlichen Gründen das Vertrauen in das Management, bleibt dem Investor nichts anderes übrig, als zu versuchen, dem Management die Kontrolle über das Unternehmen zu entziehen. Das ist meistens der Fall, wenn sich Management und Investor nicht auf eine gemeinsame Unternehmensstrategie einigen können. Für den Investor ist Intervening eine Option, um das eigenen Risiko zu minimieren. Allerdings wird ein Buy-Out niemals mit dem Ziel getätigt, das Management abzulösen.[92] Eine Private Equity-Gesellschaft würde normalerweise gar nicht in ein Unternehmen investieren, wenn sie von dessen Management nicht überzeugt ist.

Wird das Management tatsächlich ausgetauscht, übernimmt in den meisten Fällen die Private Equity-Gesellschaft eine Führungsrolle bei der Rekrutierung eines neuen Management-Teams. In besonderen Fällen, zum Beispiel bei einer sich abzeichnender Insolvenz, kommt es auch vor, dass die Private Equity-Gesellschaft selbst die Geschäftsleitung übernimmt. Diese Ablösung des Managements kann aus den folgenden weiteren Gründen nötig werden:[93]

- *Verfehlen von Meilensteinen*: Das Management ist dafür verantwortlich, dass sie die Ziele erreicht, die während der Phase der Due Diligence festgelegt wurden. Werden diese Ziele verfehlt, drohen vertraglich festgelegt Konsequenzen. Dazu kann das Wegfallen von Boni zählen und in letzter Konsequenz eben auch die Absetzung.
- *Veränderte Qualifikationsanforderungen*: Wenn es der Unternehmensführung nicht gelingt, die eigenen Fähigkeiten den sich verändernden Bedingungen des Unternehmens anzupassen. Oft spiegelt sich das wider in unterschiedlichen Ansichten über die Zukunft des Unternehmens oder der mangelhaften Umsetzung von Ideen.
- Besonders durch gutes Monitoring lassen sich *offensichtliche Managementfehler* kaum verbergen.

---

92 Vgl. Brettel et al. (2008), S. 102

93 Vgl. Brettel et al. (2008), S. 103

- *Consumption-on-the-Job*: Darunter versteht man augenscheinliche Verschwendungen wie teure Dienstwägen oder luxuriöse Büroausstattung. Verschwendungen kann sich die Private Equity-Gesellschaft beim Verschlanken eines Unternehmens nicht leisten.

Bei Aktiengesellschaften wird der Vorstand vom Aufsichtsrat bestellt. Die Eigenkapitalgeber und damit die Private Equity-Gesellschaft haben also keinen unmittelbaren Einfluss auf Personalentscheidungen. Auch die Ablösung des Managements fällt demnach entsprechend schwer. Deshalb schreiben die Private Equity-Gesellschaften meistens feste Regelungen in den Beteiligungsvertrag, um eine eventuelle Ablösung zu erleichtern. Fehlen diese Regelungen, kann die Private Equity-Gesellschaft versuchen, das Management im Interesse des Unternehmens von einer Ablösung zu überzeugen. Lässt sich allerdings keine Regelung oder Einigung finden, muss die Private Equity-Gesellschaft einen Aufsichtsratsbeschluss herbeiführen, die den Vorstand abberuft. Diese offene Konfrontation mit der Unternehmensführung hat meistens negative Auswirkungen auf die Reputation des Unternehmens. Das kann Einfluss haben auf die Lieferbeziehungen, die Beschäftigungsverhältnisse und die Kunden. Deshalb wird immer versucht, Handlungsalternativen zu finden.

Auch das genaue Vorgehen bei Management-Ablösungen wird immer häufiger im Beteiligungsvertrag geregelt. Damit erhöht sich natürlich auch der persönliche Druck auf die Unternehmensführung: Werden die Meilensteine nicht erreicht, war es das fürs Management. Allerdings kann so eine Ablösung des Managements teuer werden: Die Kosten dafür trägt die Private Equity-Gesellschaft, inklusive Rechtskosten und der Kosten für die Suche nach einem neuen Management.

3.7. Exit

Grundsätzlich investieren Private Equity-Firmen nur für einen begrenzten Zeitraum in ein Unternehmen. Die Phase, in der sich die Private Equity-Gesellschaft vom Unternehmen verabschiedet, das eingesetzte Kapital zurückerhält und darüber hinaus einen Gewinn einfährt, heißt Exit, Desinvestitionsphase oder Harvesting.[94]

Anschließend wird sich die Private Equity-Gesellschaft neuen Investitionsalternativen zuwenden. Schon in der Beteiligungsphase hat sich die Private Equity-Gesellschaft darüber Gedanken gemacht, wie und wann sie das Unternehmen wieder verlassen will.

---

94 Vgl. Brettel et al. (2008), S. 109

Aber erst in der Exit-Phase weiß die Private Equity-Gesellschaft mit Bestimmtheit, wie hoch die Rendite der Investition ausgefallen ist. Ein Exit bedeutet nicht zwangsläufig, dass das gesamte Kapital zu einem bestimmten Zeitpunkt sofort aus dem Unternehmen gezogen wird. Es kann auch sein, dass die Beteiligung über einen längeren Zeitraum abgebaut wird.[95]

Unterschieden werden die folgenden Arten des Exits, die Exit-Kanäle: [96]

- *IPO* (Erstnotierung an der Börse): Er wird häufig als der Königsweg des Exit bezeichnet.[97] Der Grund: Oft kann die Private Equity-Gesellschaft einen Fungibilitätsaufschlag von 30 bis 40 Prozent erzielen.[98] Beim IPO werden institutionelle und private Anleger öffentlich dazu aufgefordert, Aktien des Unternehmens zu zeichnen. Der Börsengang bedeutet für die Private Equity-Gesellschaft nicht eine reine Desinvestition, sondern eine Refinanzierungsmöglichkeit. Neue Investoren achten darauf, dass die Alteigentümer zumindest eine Zeit lang weiter Anteile am Unternehmen halten. Deshalb verpflichten sich Private Equity-Gesellschaften meist, bei einem IPO nur einen Teil ihrer Anteile zu verkaufen und den Rest erst nach einer festgelegten Halteperiode, dem sogenannten Lock-Up, zu veräußern.
- Weil für einen Börsengang hohe Fixkosten anfallen, wird meist gleichzeitig eine Kapitalerhöhung durchgeführt. So fließt dem Unternehmen zusätzlich Kapital zu, das für die zukünftige Unternehmensentwicklung benötigt wird.
- *Trade Sale*: Der Verkauf des Unternehmens an einen strategischen Investor. Diese Investoren sind teilweise bereit, einen höheren Kaufpreis zu bezahlen, wenn durch den Kauf Synergien durch horizontale oder vertikale Integration erzeugt werden können. Dafür muss es allerdings möglich sein, dass das Unternehmen komplett in das kaufende Unternehmen integriert wird.
- Oft fährt die Private Equity-Gesellschaft auch zweigleisig: Bis zu einem gewissen Zeitpunkt wird sowohl ein IPO, als auch ein Trade Sale in Erwägung gezogen. Bei diesem *Dual Track-Verfahren* kann

95 Vgl. Brettel et al. (2008), S. 109
96 Vgl. Brettel et al. (2008), S. 110 ff
97 Vgl. Brettel et al. (2008), S. 111
98 Vgl. O.V. (2008), Fungibilität [online]

der Investor flexibler auf unvorteilhafte Kaufbedingungen reagieren.[99]

- *Secondary Buy-Out*: Der Verkauf des Unternehmens an einen anderen Finanzinvestor. Im Gegensatz zum Trade Sale werden hier nur die Teile des Unternehmens veräußert, die der Private Equity-Gesellschaft gehören, und nicht das gesamte Unternehmen. Die Motivation eines Secondary Buy-Outs kann sein, dass nicht erfolgreiche Investments an Investoren weitergereicht werden, die über andere Kompetenzen verfügen und deshalb glauben, dass sie das Zielunternehmen zu einem Turnaround führen können. Manchmal ist ein Secondary Buy-Out auch die einzige Exit-Möglichkeit, wenn weder strategische Investoren Kaufinteresse signalisieren, noch ein IPO möglich ist.
- *Buyback*: Der vorherige Eigentümer kauft das Unternehmen zurück und erlangt damit die unternehmerische Kontrolle wieder.
- *Liquidation*: Verschiedene Möglichkeiten der Abwicklung eines Unternehmens, unter diesem Oberbegriff zusammengefasst.

Die *intendierte Liquidation* ist schon in der Exit-Strategie vorgesehen und ist die Variante, von der sich die Private Equity-Gesellschaft die höchste Rendite verspricht. Einzelne Unternehmensteile werden hierbei an verschiedene Investoren verkauft. Danach obliegt es dem Eigentümer, die Mantelgesellschaft abzuwickeln. Besonders in den 80er Jahren haben Private Equity-Gesellschaften zahlreiche Unternehmen zerschlagen, um den sogenannten Konglomeratsabschlag freizusetzen. Das bedeutet, dass bei einem großen Unternehmen die einzelnen Teile mehr Wert sind als das Ganze. Diesen Wertgewinn will sich die Private Equity-Gesellschaft zu Nutze machen. So verfuhr unter anderem der Münchener Technologiekonzern Siemens: Der Konzern stieß in den vergangenen Jahren Geschäftsfelder und Beteiligungen im Wert von vielen Milliarden Euro ab. Diese „Corporate Orphans", Konzernwaisen, die mit dem Kerngeschäft des Konzerns wenig oder nichts zu tun haben, landeten auch in den Händen von Private Equity-Gesellschaften. Beispiel Siemens Nixdorf: Der Hersteller von Bankautomaten und Kassen für den Einzelhandel wurde an KKR verkauft. Die führten Nixdorf zu neuer Größe: Der in Wincor Nixdorf umbenannte Konzern stellte rund 3000 Mitarbeiter ein und legte einen erfolgreichen Börsengang hin.[100]

---

99 Vgl. Brettel et al. (2008), S. 117

100 Vgl. Schäfer (2006), S. 161

- Die *nicht intendierte Liquidation* ist die letzte Alternative für die Private Equity-Gesellschaft, wenn sich das Unternehmen nicht so entwickelt, wie sie sich das vorstellt. Häufig bedeutet die nicht intendierte Liquidation den vollständigen Verlust des Eigenkapitals. Freiwillig bleibt die nicht intendierte Liquidation, wenn das Unternehmen den Geschäftsbetrieb aus freien Stücken einstellt, auferlegt wird die nicht intendierte Liquidation, wenn ein Insolvenzverfahren beantragt werden muss und das Unternehmen die Verfügungsgewalt verliert.[101]

Beim Exit werden die Früchte teils mehrjähriger Arbeit geerntet. Gerade deshalb ist es wichtig, dass die Private Equity-Gesellschaft das Unternehmen gut betreut: Eine erfolgreiche Zusammenarbeit zwischen der Private Equity-Gesellschaft und der Unternehmensführung ist genauso wichtig wie die Prüfung möglicher Exit-Alternativen schon während der Beteiligungsverhandlung. Auch externe Faktoren wie die Situation auf dem Kapitalmarkt können den Exit beeinflussen. Besonders IPOs sind von der Lage am Finanzmarkt abhängig.

3.8. Zusammenfassung

Generell könnte die Private Equity-Gesellschaft in verschiedenen Phasen Einfluss auf die Unternehmensführung ausüben: Schon bei der Prüfung des Unternehmens, wenn klar wird, welche Leute im Unternehmen das Sagen haben, könnte die Private Equity-Gesellschaft eingreifen und eigene Leute auswählen, wenn sie investiert.

In der Postinvestmentphase wird der Einfluss der Private Equity-Gesellschaft auf die Unternehmensführung unmittelbar sichtbar. Dabei reicht die Spanne von Gesellschaften, die als reiner Investor auftreten bis zu denen, die sich aktiv am operativen und strategischen Geschäft beteiligen. Hier spielt die Größe des Anteils der Private Equity-Gesellschaft am Unternehmen eine Rolle: Größtmöglich ist der Einfluss bei einem Buy-Out, die Kontrollfunktion kann aber auch schon bei einem kleineren Anteil am Unternehmen ausgeübt werden, zum Beispiel durch einen oder mehrere Sitze im Aufsichtsrat.

Dass die Private Equity-Gesellschaft Einfluss nimmt, trifft nicht immer den Geschmack der Unternehmensführung: Der ehemalige Vorstandsvorsitzende eines internationalen Konzerns sagte mir, es müsse eine klare Linie geben zwischen dem Investor, also der Private Equity-Gesellschaft und der Unternehmensführung: Der Investor sollte sich auf keinen Fall in

---

101 Vgl. Brettel et al. (2008), S. 121

die Belange der Unternehmensführung einmischen.[102] Dass diese Trennung nicht immer vorhanden ist, zeigt das folgende Beispiel.

4. Fallbeispiel: Woolworth

Abbildung 11: Woolworth-Logo[103]

4.1. Einführung

Die DWW Woolworth Deutschland GmbH & Co. KG ist ein Einzelhandelsunternehmen mit 330 Filialen in Deutschland und Österreich. Sitz der Hauptverwaltung ist Frankfurt am Main. „Qualität zum günstigen Preis", so der Slogan der Kette.[104] Das war aber nicht immer so. Wie die Slogans hat Woolworth über die Jahre immer wieder die Verkaufsstrategie geändert: Vom Discount-Laden zum qualitativ hochwertigen Kaufhaus – und wieder zurück. Der Schlingerkurs ging einher mit wechselnden Eigentümern. Einer davon, die Private Equity-Gesellschaft Electra, wäre fast an Woolworth verzweifelt. Mit allen Mitteln versuchte sie, Woolworth auf Gewinnkurs zu bringen, integrierte dazu ihr eigenes Management ... und verließ das Unternehmen nach fast zehn Jahren, ohne ihre Ziele erreicht zu haben. Woolworth ist ein Beispiel für eine gescheiterte Private Equity-Investition, für die Macht einer Private Equity-Gesellschaft auf die Unternehmensführung... und für einen Neuanfang, der Mitte 2009 in der Insolvenz endete.

4.2. Die Geschichte von Woolworth

Die Geschichte von Woolworth in Deutschland beginnt im Jahr 1927: Damals wurde in Bremen die erste Filiale eröffnet. Nach dem Vorbild der amerikanischen Mutter kostete jeder Artikel 25 oder 50 Pfennig. Bei Woolworth gab es damals wie heute alles für den täglichen Bedarf: Kleidung, Unterwäsche, Schreib- und Spielwaren, Haushaltswaren, Heimtextilien und Drogerie-Artikel. Seit November 2008 bietet Woolworth außerdem Urlaubsreisen an und betreibt zusammen mit Vitaware.de eine Online-Apotheke.[105]

---

102 Quelle: Telefoninterview mit ehemaligem Vorstandsvorsitzenden „Z", 16.12.2008 (Name dem Autor bekannt)

103 Quelle: O.V. (2005), Woolworth-Logo [online]

104 O.V. (2008), Woolworth [online]

105 Vgl. Müller (2008): Woolworth entdeckt Apothekenmarkt [online]

Im Jahr 1995 übernahm Woolworth elf Kaufhäuser von Quelle und weitete ihr Geschäft auf Österreich aus. Seit 1998 ist Woolworth Deutschland gelöst von der amerikanischen Muttergesellschaft. Diese war in finanzielle Schieflage geraten und versuchte mit allen Mitteln, die deutsche Tochtergesellschaft zu verkaufen.[106] Das geschah dann auch, im Rahmen eines Management Buy-Outs der Firma Electra Private Equity, die mittlerweile Cognetas heißt. Die amerikanische Muttergesellschaft von Woolworth existiert heute nicht mehr.

Seit Oktober 2007 ist die britische Investment- und Beratungsgesellschaft Argyll Partners alleiniger Gesellschafter der DWW Woolworth Deutschland GmbH und Co. KG. Im Jahr 2007 machte Woolworth einen Umsatz von 917,8 Millionen Euro.[107] Woolworth betrieb auch zahlreiche Tochterfirmen, die bekanntesten waren Foot Locker und New Yorker. Mittlerweile agieren die Tochterfirmen selbständig, einige existieren nicht mehr.

Als weltweit letzter Abkömmling von Woolworth meldete die DWW Woolworth Deutschland GmbH und Co. KG im April 2009 Insolvenz an. Insolvenzverwalter Ottmar Herrmann geht aber davon aus, dass die Arbeit bei Woolworth vorläufig weitergehen kann.[108] Erste Interessenten haben sich schon angemeldet: Die Discounter Kik und Reno wollen zahlreiche Standorte von Woolworth übernehmen.[109] Damit hätte die lange Geschichte von Woolworth weltweit sein Ende gefunden.

4.3. Woolworth unter Electra Fleming

Die amerikanische Mutter brauchte im Jahr 1998 dringend Geld. Aber niemand wollte ihr die deutsche Tochter abkaufen: Viele andere Kaufhäuser hatten schon abgelehnt, bei Karstadt, Kaufhof und Cloppenburg passte Woolworth nicht so richtig ins Konzept.[110] Schließlich wurde Woolworth im Rahmen eines Management Buy-Out von der Firma Electra übernommen. Die gesamte Transaktion hatte damals einen Wert von rund 1 Milliarde DM, also rund 510 Millionen Euro. 60 Millionen Euro steckten die Investoren als Gesellschafterdarlehen ins Unternehmen, außerdem übernahmen sie 90 Prozent des Eigenkapitals in Höhe von 40 Millionen Euro. Der Rest des Eigenkapitals lag bei der Geschäftsführung. Wie üblich

106 Quelle: Telefoninterview mit ehemaliger Führungskraft „Y", 19.12.2008 (Name dem Autor bekannt)

107 Quelle: Majunke (2008), S. 183

108 Vgl. O.V. (2009): Insolvenzverwalter: Woolworth ist noch liquide [online]

109 Vgl. Seidel (2009): Kik und Reno wollen Woolworth-Läden übernehmen [online]

110 Quelle: Telefoninterview mit ehemaliger Führungskraft „Y", 19.12.2008 (Name dem Autor bekannt)

bei Private Equity-Gesellschaften besetzten sie eine Position im Aufsichtsrat mit ihrem eigenen Mann: Wolfgang Bensel, der den Einstieg der Briten als Geschäftsführer des deutschen Ablegers von Electra Fleming begleitet hatte.[111]

Das Ziel der neuen Eigentümer stand schnell fest: In zwei bis drei Jahren sollte Woolworth an die Börse gebracht werden und damit den Ausstieg von Electra Fleming ermöglichen. Daraus wurde aber erst einmal nichts. In ersten Jahren unter Electra Fleming kämpfte Woolworth gegen sinkende Umsätze und steigende Verluste, unter anderem durch die Akquisitionsfinanzierung von Electra. Wie bei solchen Deals üblich, hatte Electra nämlich die Schulden für den Kauf des Unternehmens Woolworth selbst aufgeladen. 1999 wies Woolworth einen hohen Jahresverlust aus, auch der Umsatz ging in diesem Jahr um 4,4 Prozent zurück. [112]

Electra sah sich trotzdem auf dem richtigen Weg, hatten sie doch massiv an der Kostenschraube gedreht: Sie hatten die Zahl der Mitarbeiter reduziert, von 11.000 auf 7.600, und durch diese und weitere Maßnahmen die Kosten um umgerechnet rund 153 Millionen Euro gedrückt. Auf der anderen Seite standen massive Investitionen: Um ein Renditeziel von 5 Prozent zu erreichen, investierte Woolworth zwischen 1999 und 2001 rund 130 Millionen Euro in neue Läden, IT-Technik, E-Commerce und Marketing. Den größten Teil des Geldes, rund 66 Millionen Euro, verbrauchte dabei der Ausbau des Lagers in Bönen in Nordrheinwestfalen, dessen Fläche verdreifacht wurde.[113] Damit diente es als Zentrallager für Woolworth, ab Ende 2001 wurden alle Geschäfte von dort beliefert, zuvor waren es nur 135 überwiegend kleine Läden gewesen. Der Investor versprach sich von dieser Maßnahme Einsparungen in den einzelnen Läden: Die Regale wurden nicht mehr hausintern aufgefüllt, die Ware kam direkt aus dem Zentrallager. Damit, so rechnete Electra Fleming, würden 700 weitere Stellen bei Woolworth wegfallen.

Mit den Investitionen einher ging ein Imagewechsel der Firma Woolworth: Marketingausgaben in Höhe von rund 18 Millionen Euro sollten Woolworth als Qualitätsanbieter positionieren.

Intern wurde das Programm WALDI genannt[114], Woolworth sollte eine Mischung aus Qualität und Discount bieten, auf jeden Fall wollte die Ge-

---

111 O.V. (2001): Electra Fleming kann sich nicht durchsetzen [online]

112 O.V. (1999) Woolworth sieht schwarze Zahlen [online]

113 O.V. (2000) Woolworth dreht an der Personalkostenschraube [online]

114 Quelle: Telefoninterview mit Führungspersönlichkeit „A", 14.12.2008 (Name dem Autor bekannt)

schäftsführung weg vom Bild des Billigheimers.[115] Dazu hatten sie mit verschiedenen Produzenten gute Deals ausgehandelt: Ware kam ohne Zwischenhändler direkt zu Woolworth ins Haus, damit konnten sie Markenprodukte billiger als die Konkurrenz anbieten. „Eine Adidas-Jogginghose hat bei uns 39 Euro gekostet, nebenan haben sie fast das Doppelte verlangt", erinnert sich eine ehemalige Führungspersönlichkeit im Unternehmen.[116] Aber so ein Strategiewechsel dauert, die neuen Kunden kamen, aber nicht so zahlreich, wie die Ramschkunden dem Unternehmen den Rücken kehrten. Die Folge: Woolworth blieb hinter den Erwartungen zurück. Im Jahr 2000 sanken die Umsätze im Vergleich zum Vorjahr. Die Investoren wurden ungeduldig: Der Börsengang, mittlerweile schon auf 2003 verschoben, war in Gefahr.

Zum ersten Mal nahm Electra Fleming Einfluss auf die Unternehmensführung: Sie erhöhten den Druck auf die Geschäftsführer Manfred Schönmeier und Berthold Honecker. Die beiden sollten Woolworth endlich auf die angepeilten 5 Prozent Rendite bringen. Um das zu erreichen, dachte Electra Fleming auch daran, sich von den Immobilien des Unternehmens zu trennen, schon immer das „Faustpfand des Unternehmens", wie ein Kenner des Unternehmens einer Branchenzeitung sagte.[117] Aber die Geschäftsführung war strikt dagegen. Zu viel für die Private Equity-Gesellschaft: „Electra fand anscheinend, Schönmeier und Honecker waren nicht die richtigen, um Woolworth wieder auf Kurs zu bringen", erinnert sich Uwe Hielscher-Godau, Mitglied im Aufsichtsrat von Woolworth, an die Situation.[118] Und deshalb mussten sie gehen. Der Investor entzog Schönmeier und Honecker das Vertrauen und machte sich an die Absetzung der beiden.

Aber der erste Versuch schlug fehl: In der Aufsichtsratssitzung vom Mittwoch, den 12.September 2001 wollte Electra Fleming die Geschäftsführer Manfred Schönmeier und Berthold Honecker ablösen – und scheiterte.

Electra konnte im Aufsichtsrat keine Mehrheit für die Absetzung der beiden erreichen, man wolle nicht „mitten im Rennen den Reiter wechseln", hieß es im Aufsichtsrat.[119] Aber Electra versuchte es weiter: Um das Ergebnis doch noch auf ihre Weise zu beeinflussen, entließ die Private Equity-Gesellschaft einen Monat später die gesamte Arbeitgeberseite im Aufsichtsrat – alle bis auf Wolfgang Bensel, der von Electra selbst in den Auf-

---

115 Vgl. O.V. (2000), Woolworth poliert Image auf [online]

116 Quelle: Telefoninterview mit ehemaliger Führungskraft „Y", 19.08.2008

117 Vgl. O.V. (2000), Investoren greifen bei Woolworth ein [online]

118 Quelle: Gespräch mit Uwe Hielscher-Godau, 03.12.2008

119 Vgl. O.V. (2001), Electra Fleming kann sich nicht durchsetzen [online]

sichtsrat geschickt worden war, damals, beim Kauf des Unternehmens. Der Plan von Electra sah vor, Jörg Ulmschneider und Bernd Szymanski als Ersatz für die bisherige Geschäftsführung einzusetzen. Hinter den Kulissen sollte der Ex-Puma-Manager Hans Woitschätzke die Fäden für Electra ziehen.[120]

Nur zwei Wochen später war es so weit: In einer weiteren Sitzung des Aufsichtsrates, diesmal in neuer Besetzung, wurde beschlossen, dass die bisherigen Geschäftsführer Schönmeier und Honecker mit sofortiger Wirkung das Unternehmen verlassen. Die Vorsitzenden von Aufsichtsrat und Gesamtbetriebsrat erklärten anschließend: "Die Deutsche Woolworth hat den Wechsel in der Geschäftsführung einmütig vollzogen". Die Geschäfte übernahmen Jörg Ulmschneider und Bernd Szymanski. Dabei kümmerte sich Ulmschneider um Einkauf, Verkauf, Vertrieb und Marketing, Szymanski um Finanzen, Controlling, Personal, Logistik und IT.[121]

„Der Aufsichtsrat ist davon überzeugt, mit der Ernennung des neuen Managements, das über langjährige Branchenerfahrung verfügt, die Weichen für eine erfolgreiche Zukunft der Deutsche Woolworth und ihrer Mitarbeiter gestellt zu haben," sagte Reinhard Pöllath, Aufsichtsratsvorsitzender der Deutsche Woolworth.[122] Das Problem der neuen, von Electra durchgeboxten Geschäftsführung: Außer Einsparungen in der Konzernzentrale in Frankfurt brachten sie kaum frischen Wind ins Unternehmen. "Außer einigen Rundschreiben gibt es bislang kaum konkrete Aussagen", so eine der wiederholt geäußerten Klagen damals bei Woolworth.[123]

Dabei standen die beiden Neuen ganz besonders unter Druck. Denn nachdem die alte Führungsriege bei Electra in Ungnade gefallen war, sollten Szymanski und Ulmschneider möglichst schnell Erfolge vorweisen. Dafür war Electra sogar zu finanzieller Unterstützung bereit: Sie schossen einen zweistelligen Millionenbetrag ins Unternehmen.[124]

Die neue Strategie hieß, „Zurück zu den Wurzeln": Woolworth sollte wieder auf Discount getrimmt werden, der Slogan: „Gute Qualität zu günstigen Preisen."

Dafür wurden die Eigenmarken zusammengestrichen, statt wie bisher 24 gab es nur noch 6. Außerdem setzte die neue Führung wegen der günstigeren Preise verstärkt auf No-Name-Produkte. "Wir orientieren uns wie-

---

[120] Vgl. O.V. (2001), Investoren machen ernst [online]
[121] Vgl. O.V. (2001), Schönmeier und Honecker müssen gehen [online]
[122] Vgl. O.V. (2001), Jetzt herrscht erst einmal Ruhe [online]
[123] Vgl. O.V. (2002), Woolworth speckt ab [online]
[124] Vgl. O.V. (2002) Woolworth besinnt sich wieder auf alte Stärken [online]

der an den schmalen Geldbörsen unserer angestammten Kunden", so die Botschaft. Damit einher gingen erneute Sparmaßnahmen: Zehn Filialen wurden verkauft. Für sie zeichneten sich keine verbesserten Deckungsbeiträge ab. In der Frankfurter Konzernzentrale wurde jeder dritte Mitarbeiter entlassen, außerdem sollten die logistischen Abläufe verbessert werden: Woolworth kaufte jetzt nach Warengruppen ein. Auch die IT hätte sich verbessert, hieß es aus dem Unternehmen.[125] Dennoch lag der Börsengang immer noch in weiter Ferne: Denn auch 2002 lagen die Umsätze unter Vorjahresniveau.

Sprung ins Jahr 2004 – und endlich glaubte sich Woolworth auf dem richtigen Weg: Die Umsätze blieben stabil, sogar an die Eröffnung neuer Kaufhäuser wurde gedacht. Aber das reichte noch nicht: Intern sprach man vom „Projekt 2005“: Verkauf, Logistik und IT sollten dabei weiter optimiert werden.

Geschäftsführer Ulmschneider beteuerte aber trotz dieser Strukturierungsaufgaben, dass die Finanzinvestoren von Electra keinen Druck auf das Management ausübten.[126]

Für 2005 erwartete Electra den finalen Durchbruch. Aber der kam nicht. In der Bilanz 2005 weist Woolworth einen Verlust von 31,5 Millionen Euro aus, der Umsatz lag bei 840 Millionen Euro.[127][128] Schuld daran hatte vor allem die ständig wechselnde Strategie des Unternehmens. Im Zickzack-Kurs gab es beinahe jährlich neue Konzepte, die Kunden hätten keine Chance gehabt, sich darauf einzustellen, findet Gesamtbetriebsratsvorsitzender Carsten Kruse.[129]

Um die erneuten Verluste aufzufangen, forderte Woolworth von seinen Mitarbeitern mehr Flexibilität am Arbeitsplatz – und die Ausdehnung auf die 40 Stunden-Woche. Auch die freiwilligen Leistungen bei Urlaubs- und Weihnachtsgeld sollten gekürzt werden. Es war klar: Wegen der schlechten Zahlen wurden die Geldgeber nervös – denn ein Börsengang war noch immer nicht in Sicht.[130]

Zum Jahreswechsel 2005/2006 bekam Woolworth einen neuen Geschäftsführer: Robert Brech übernahm die Aufgaben von Jörg Ulmschneider, der das Unternehmen altersbedingt verließ. Brech sollte jetzt endlich

---

125 Vgl. O.V. (2003) Woolworth macht Fortschritte [online]
126 Vgl. O.V. (2004), Woolworth benötigt mehr Umsatz [online]
127 Vgl. Metzner (2007) Woolworth geht an Argyll Partners [online]
128 Vgl. O.V. (2005), Woolworth muss sparen [online]
129 Quelle: Telefoninterview mit Carsten Kruse, 03.12.08
130 Vgl. O.V. (2005), Woolworth muss sparen [online]

für eines sorgen: Dass Electra Woolworth gewinnbringend verkaufen konnte.

Mit der Ernennung von Brech sollte Woolworth neu ausgerichtet werden. Der Plan: Eine Beschränkung auf das Kernsortiment und eine höherwertige Ausstattung in den einzelnen Läden. An dem Grundkonzept als Discounter sollte aber nicht gerüttelt werden. Woolworths Alleinstellungsmerkmal sollte die Präsentation als sogenannter „Erlebnisdiscounter" werden. Mit der Eröffnung von sogenannten „Concept Stores" wollte man für höhere Umsätze sorgen. Das Konzept sah unter anderem vor, verschiedenfarbige Regale mit Wegweisern an der Wand aufzustellen, um damit für mehr Übersicht zu sorgen.[131]

Außerdem gab es in der Mitte des Geschäfts einige Flächen, sogenannte Marktplätze: Woolworth nutzte sie für Preisaktionen, alle zwei Wochen wurde das Sortiment ausgetauscht.

Ein ähnliches Konzept hatte Woolworth schon Ende der 90er Jahre ausprobiert und war gescheitert, allerdings hatte man es damals mit Eigenmarken versucht.[132]

Um die Kosten weiter zu drücken, verkaufte Woolworth 2006 das Gebäude des Logistikzentrums in Bönen in einer Sale and Lease Back-Transaktion an die israelische Versicherungsgruppe Menorah. Die Lager gehörten jetzt also nicht mehr Woolworth, sie zahlten dafür Miete. Darüber hinaus verkaufte Woolworth vier Fililalgebäude an eine Investorengruppe um die Centrum Grundstückgesellschaft mbH in Düsseldorf.[133]

Kurz danach gab es erste Gerüchte, der gesamte Konzern stehe zum Verkauf: Mehrere mit der Situation vertraute Personen sagten Anfang August der Nachrichtenagentur Reuters, dass Electra nach einem Käufer suche, interessiert sei unter anderem die Private Equity-Gesellschaft Cerberus.[134] Electra hatte anscheinend genug: Die Zahlen der Deutschen Woolworth GmbH und Co. KG waren zu schlecht, die Eigentümer sahen keine Möglichkeit, das Unternehmen in absehbarer Zeit rentabel zu machen.[135]

Aber auch der Verkaufsprozess dauerte für Electra länger als gedacht. Woolworth galt als schwieriger Sanierungsfall, mit einer schlechten Posi-

---

131 Vgl. O.V. (2008), Woolworth versucht sich an neuen Konzepten [online]
132 Vgl. O.V. (2008), Woolworth versucht sich an neuen Konzepten [online]
133 Vgl. O.V. (2006): Woolworth verkauft Distributionszentrum [online]
134 O.V. (2006), Deutsche Woolworth steht zum Verkauf [online]
135 Quelle: Gespräch mit Carsten Kruse, 03.12.08

tionierung am Markt, einem viel zu großen Sortiment und einer ungünstigen Aufteilung in viel zu große und viel zu kleine Filialen.[136]

Dazu kamen die Schulden, die das Unternehmen drückten: Aufwendungen für das neue Geschäftsmodell würden rund 70 Millionen Euro kosten, dazu kamen ein Gesellschafter-Darlehen in Höhe von geschätzten 110 Mio Euro, Bankschulden in Höhe von 150 Millionen Euro und Verbindlichkeiten aus Pensionsrückstellungen und Sonderverpflichtungen in Höhe von 230 Millionen Euro.[137] Insider gingen davon aus, dass Woolworth jeden vierten Laden schließen müsste, um wieder rentabel zu werden. Trotzdem verlangte Electra 200 Millionen Euro für das Unternehmen, das erneut sechs Prozent weniger Umsatz gemacht hatte als im Vorjahr. „Woolworth ist kaum zu bezahlen", titelte daraufhin eine Branchenzeitung.[138] Dementsprechend winkten auch viele Investoren ab: Die Londoner Gordon Brothers verabschiedeten sich nach einigen Monaten aus dem Bietergeschäft, genauso wie die Private Equity-Gesellschaft Blackstone. Die finanzielle Lage bei Woolworth bekamen unterdessen auch die Mitarbeiter zu spüren: An sie wurde kein Urlaubsgeld gezahlt, auch andere Sonderzahlungen wollte Woolworth nicht tätigen.

Es dauerte bis Oktober 2007, bis sich ein Käufer für Woolworth fand: Die britischen Argyll Partners. Über den Kaufpreis wurde Stilschweigen vereinbart. Allerdings kann man davon ausgehen, dass selbst bei dem geforderten Kaufpreis Electra keinen Gewinn aus dem Verkauf von Woolworth machte.

Was bleibt als Erkenntnis für die Private Equity-Gesellschaft und ihr Engagement bei Woolworth? Das operative Geschäft schienen sie zu vernachlässigen, Woolworth litt jahrelang daran, dass zu viel und zu teuer eingekauft wurde. Innerhalb des Unternehmens hatte die Private Equity-Gesellschaft Electra keinen guten Ruf mehr, spätestens seit sie sich beim Versuch, die Geschäftsführer auszutauschen, ein blaues Auge holte. „Das war die Arroganz der Engländer", erinnert sich eine Führungskraft. „Sie dachten, sie kriegen die beiden schnell weg. Aber sie haben dann doch ein dreiviertel Jahr gebraucht." [139]

---

[136] Vgl. O.V. (2006), Deutsche Woolworth steht angeblich zum Verkauf [online]

[137] Vgl. O.V. (2008), Woolworth ist kaum zu bezahlen [online]

[138] O.V. (2008), Woolworth ist kaum zu bezahlen [online]

[139] Quelle: Gespräch mit Führungspersönlichkeit „A", 14.12.2008 (Name dem Autor bekannt)

4.4. Woolworth unter Cerberus und Argyll Partners

Die beiden Geschäftsführer Schönmeier und Honecker hatten sich damals noch erfolgreich dagegen gewehrt, jetzt wurde es Wirklichkeit: Die Immobilien von Woolworth wurden verkauft. Rund 100 Immobilien befanden sich zu diesem Zeitpunkt noch im Besitz von Woolworth, deren Buchwert wies das Unternehmen in seiner Bilanz mit mehr als 400 Millionen Euro aus.[140] Sie gingen an die Private Equity-Gesellschaft Cerberus. Woolworth wohnt in seinen Häusern jetzt also zur Miete. „Durch den Verkauf der Immobilien entstand im Unternehmen ein erheblicher Substanzverlust, den Woolworth auch noch selber bezahlt hat", sagte eine Führungspersönlichkeit im Unternehmen.[141] „Aber wenigstens gab uns das die Chance, weiter zu existieren."

Für Argyll Partners war die Übernahme die bislang größte ihrer Firmengeschichte.[142] Die Firma mit Sitz in London sieht sich als internationaler Finanzberater im Einzelhandelssektor, war aber auch schon an Private Equity-Deals beteiligt. Sie seien „ein ungewöhnlicher Mix" verschiedener Firmen.[143] Argyll Partners übernahm mit Woolworth ein Unternehmen, dessen Umsatz sich in den vergangenen 6 Jahren um 20 Prozent verringert hatte. Sie mussten versuchen, Woolworth fit zu machen für den Wettbewerb. Denn die Vorgänger standen sich mit ihren Konzepten, die meistens zu früh aufgegeben wurden, oft selbst im Weg.

Der Kauf durch Argyll Partners war für Woolworth eine Rettung in letzter Sekunde: Der 31.10.2007 stand fest als Termin für die Insolvenz.[144]

Die Finanzinvestoren unterwarfen Woolworth erneut einer Restrukturierung. Alleiniger Geschäftsführer wurde Robert Brech, Bernd Szymanski schied aus dem Unternehmen aus.[145]

„Das letzte Wort hat Argyll", bestätigte der neue Mann an der Spitze dann auch gleich. Im operativen Geschäft war Argyll Partners viel näher dran an der Geschäftsführung, als das unter Electra der Fall war. Wie ein Insider schrieb, „Argyll nimmt Woolworth an der kurzen Leine, um sicherzustellen, dass die eingesetzten Gelder nicht verpulvert werden."[146] Das zeigte sich auch daran, dass Argyll eigene Büros in der Frankfurter Zentra-

---

140 O.V. (2007) Investoren lassen Woolworth hängen [online]
141 Quelle: Gespräch mit Führungskraft „B", 14.04.2008
142 Vgl. O.V. (2007) Harte Einschnitte bei Woolworth [online]
143 Quelle: Gespräch mit Roy Corbin, 18.12.2008
144 Quelle: Gespräch mit Führungskraft „B", 14.04.2008
145 Vgl. O.V. (2007), Harte Einschnitte bei Woolworth [online]
146 Vgl. O.V. (2008), Woolworth: Der Spielraum wird eng [online]

le einrichtete. Regelmäßig musste die Geschäftsführung zum Rapport antreten.

Argyll wollte mehr als 100 Millionen Euro einsparen, die Hälfte davon am Personal. Denn noch immer lag die Personalkostenquote in der Filialrechnung bei 17 Prozent, viel zu hoch für einen Discounter.[147] Insgesamt wurden rund 1.100 Mitarbeiter entlassen, 10 Prozent der Belegschaft. Außerdem wurde die Zahl der Artikel reduziert, von über 100.000 auf 57.000.[148]

Um mehr finanziellen Spielraum zu haben, verhandelte man längere Zahlungsziele mit den Partnern aus Übersee: Die Fernost-Importe über Li & Fung müssen seit Ende 2008 erst nach 90 Tagen bezahlt werden, nicht wie bisher nach 50. Argyll setzte darüber hinaus auf Checkout-Kassen, diese seien effektiver, hieß es. Auch der Informationsstand im Laden wurde abgeschafft, genauso wie die Aufsichten, die bislang Kunden im Laden bei Fragen zur Seite standen. Mit dem derzeitigen Personal sei das einfach nicht mehr zu bewältigen, begründete Woolworth den Schritt.[149] Mittlerweile habe Woolworth so viel eingespart, dass die Mitarbeiter mit der Arbeit im Laden kaum noch hinterherkommen, moniert Gesamtbetriebsratsvorsitzender Kruse. Irgendwann müsse eben auch mal Schluss sein mit dem Personalabbau.[150]

Stellenabbau, Lagerbestand und Forderungen reduzieren, Zahlungsziele verlängern: Die gesamte Palette der klassischen Private Equity-Maßnahmen, um die Mittelzuflüsse im operativen Geschäft zu erhöhen, wurde bei Woolworth durchgesetzt.[151]

Ansätze, die sich noch lohnen müssen. Probleme bereitet Woolworth derzeit vor allem die große Fluktuation in der Führungsetage. Zwischen 2006 und 2008 verließen fast ein Dutzend Führungskräfte das Unternehmen. Schwierig, unter diesen Umständen ein funktionierendes Geschäft aufzubauen. Ende Februar 2009 hat auch der bisherige CEO von Woolworth, Robert Brech, das Unternehmen verlassen. Aus der Presseabteilung heißt es, er stehe Woolworth nach wie vor beratend zur Seite.[152] Der vorläufige Tiefpunkt kam dann im April 2009: Woolworth musste Insolvenz anmelden.

---

147 Vgl. O.V. (2007), Woolworth steht Rosskur bevor [online]

148 Vgl. Wache (2006), Zahlreiche Unternehmen haben die Preise schon angehoben [online]

149 Vgl. O.V. (2008), Woolworth: Der Spielraum wird eng [online]

150 Quelle: Gespräch mit Carsten Kruse, 03.12.08

151 Vgl. Maier (2007), S. 172

152 Vgl. O.V. (2009), Stabswechsel bei Woolworth [online]

Und das, obwohl die Maßgabe vorher noch hieß: Wir wollen endlich wieder steigende Umsätze präsentieren. Dafür eröffneten sie sogar neue Läden: Anfang November 2008 übernahm Woolworth zwei Strauß-Standorte in Hagen und Düsseldorf. Alle hofften, die Konzepte für die Umstrukturierung würden Früchte tragen. Auch Argyll sagte zu, keine Geldmittel aus dem Unternehmen abzuziehen.[153]

4.5. Fazit Woolworth

Die Maßnahmen, Woolworth zurück in die Gewinnzone zu befördern, haben nicht gegriffen. Im Bezug auf die Lenkung des Unternehmens durch Argyll bleibt aber zu sehen, dass der Investor einen maßgeblichen Einfluss auf die Strategie des Unternehmens genommen hat. Nicht nur das, sie beteiligten sich auch sehr stark am operativen Geschäft, keine Entscheidung wurde ohne den Finanzinvestor getroffen. Ganz anders als der Private Equity-Vorgänger Electra. „Wir hatten damals sehr viele Freiheiten", sagt eine Führungskraft im Unternehmen, die mittlerweile im Ruhestand ist.[154] „Wir wurden damals nicht mehr kontrolliert als vom Vorbesitzer, dem US-Mutterkonzern Woolworth. Das Problem war, dass Electra nicht vom Fach war. Die haben nicht unsere Sprache gesprochen. Die einzigen vom Fach waren die Unternehmensberater. Auf die haben sie gehört, auf uns nicht."

Unter Electra legten die Geschäftsführer vierteljährlich ihre Berichte vor. Das Grundkonzept wurde mit Electra abgestimmt, bei abweichenden Meinungen behielt meistens der Investor recht. „In 70 Prozent der Fälle ging es nach Electra", erinnert sich eine ehemalige Führungskraft im Unternehmen.[155] Dass der neue Investor Argyll mehr Einfluss nimmt, begrüßen viele Mitarbeiter: „Endlich kümmert sich mal jemand um die Probleme im Unternehmen", sagt einer.[156]

Auf den ersten Blick mag es so aussehen, als würden sich Finanzinvestoren immer auf die gleichen Mittel verlassen, um ein Unternehmen fit zu machen für den Wettbewerb: Weniger Personal, weniger Kosten, günstigere Produkte. Das Beispiel Woolworth zeigt aber, dass diese Mittel nicht ausreichen: Private Equity-Gesellschaften müssen sehr viel differenzierter vorgehen, um ein Unternehmen zurück in die Gewinnzone zu bringen.

---

153 Vgl. O.V. (2008), Woolworth glaubt an Umsatzplus [online]

154 Quelle: Telefoninterview mit Führungspersönlichkeit „A", 14.12.2008 (Name dem Autor bekannt)

155 Quelle: Telefoninterview mit ehemaliger Führungspersönlichkeit „A", 14.12.2008 (Name dem Autor bekannt)

156 Quelle: Telefoninterview mit Uwe-Hülscher-Godau, 03.12.2008

Dabei ist es besonders wichtig, dass sich die Private Equity-Gesellschaft mit der Unternehmensführung über strategische, aber auch über operative Maßnahmen abstimmt und diese durchführt.

Dabei muss die Private Equity-Gesellschaft aber eine kritische Entscheidung fällen: Entweder sollte sie sich als Investor verhalten, sich damit ganz aus den Entscheidungen des Unternehmens raushalten und die Erfolge der Unternehmensführung nur periodisch kontrollieren, oder sie muss sich intensiv mit der Führung des Unternehmens befassen. Dazu ist Branchenwissen unabdingbar, gleichgültig, ob angeeignet oder über Berater eingekauft. Die Unternehmensführung muss sicher sein, dass sie es mit Fachmännern zu tun hat. Wie man an Argyll Partners sieht, ist es nicht immer schlecht, wenn die Unternehmensführung unter dem Druck von oben agiert. Wie eine Führungskraft bei Woolworth es ausdrückte: „Der Geschäftsführer weiß genau: Wenn es schief läuft, dann ist er der erste, der gehen muss."[157]

5. Fallbeispiel: Grohe

Abbildung 12: Grohe-Logo[158]

5.1. Einführung

Die Firma Grohe ist für diese Untersuchung wirtschaftlich interessant, weil sie sich schon zum zweiten Mal in den Händen einer Private Equity-Gesellschaft befindet. Politisch interessant ist Grohe, weil sie eine der Firmen ist, die Franz Müntefering zu seiner Aussage über die Verantwortungslosigkeit der Heuschrecken hinriss.

Grohe ist ein Sanitär- und Küchenarmaturenhersteller, sein Weltmarktanteil liegt bei rund 10 Prozent. Im Geschäftsjahr 2008 stieg das operative

---

[157] Quelle: Gespräch mit Führungspersönlichkeit „B" 14.04.2008

[158] Quelle: O.V. (2009), Grohe Produkt-Katalog [online]

Betriebsergebnis (EBITDA) um rund 6 Prozent auf 216 Millionen Euro.[159] Trotz Finanzkrise sieht sich Grohe nach eigenen Angaben in einer „Position der Stärke."[160]

Von der Gründung 1936 durch Friedrich Grohe bis 1968 war das Unternehmen immer in Familienbesitz. Während der Nachkriegszeit kaufte Grohe zahlreiche andere Unternehmen und gründete Tochtergesellschaften. Dann verkaufte die Firma 1968 rund 51 Prozent seiner Anteile an den amerikanischen Konzern ITT. Dieser trieb die Internationalisierung des Grohe-Konzerns voran, gründete Tochterunternehmen und Niederlassungen in den Niederlanden, USA, England, Spanien und Belgien.

1983 kauften die beiden Söhne von Friedrich Grohe, Charles und Bernd, das Unternehmen von ITT zurück. Sie wandelten es 1991 in eine Aktiengesellschaft um und brachten es an die Börse. 1999 kam dann der erste Private Equity-Gesellschafter ins Boot: Unter der Leitung der britischen BC Partners kaufte ein Zusammenschluss aus Investoren das Unternehmen für einen Betrag, der zwischen 900 Millionen und 1,2 Milliarden Euro gelegen haben soll.[161] Das wäre etwa das Siebenfache von Grohes EBITDA.[162] Unter den Investoren waren auch deutsche Geldgeber, zum Beispiel die Offene Unternehmensbeteiligungs-AG der Deutschen Bank. [163]

5.2. Grohe unter BC Partners

Dieser Kauf wurde im Zuge eines Leveraged Buy-Outs vollzogen, zu zwei Dritteln finanziert über Bankkredite. Die Schulden übertrug BC Partners auf Grohe.[164] Als BC Partners Grohe kaufte, handelte es sich dabei um ein rentables Unternehmen, das sämtliche Investitionen aus dem Anlagevermögen über den Cash Flow finanzieren konnte und darüber hinaus noch Mittel zur Verfügung hatte.[165] Ein gesundes Unternehmen – mit hohem Verschuldungspotential.

---

159 Vgl. Heuser-Greipl (2009), Grohe 2009: Position der Stärke[online]
160 Heuser-Greipl (2009), Grohe 2009: Position der Stärke[online]
161 Böttger (2006), S. 49
162 Vgl. Maier (2007), S. 35
163 Vgl. Blome-Drees, Rang (2006), S. 34
164 Vgl. Kamp, Krieger (2005), S. 50
165 Vgl. Blome-Drees, Rang, (2006), S. 36

	HGB Konzernabschlüsse			
Grohe-Konzern	**1997**	**1998**	**1999**	**2000**
Eigenkapital	276.602	291.434	249.869	-11.817
Gesamtkapital	554.324	575.114	563.569	563.808
Eigenkapitalquote	**49,90**	**50,67**	**44,34**	**-2,10**
Fremdkapitalquote	**50,10**	**49,33**	**55,66**	**102,10**
Jahresüberschuss	43.789	50.357	54.993	98.841
Abschreibungen Anlagevermögen	29.680	35.352	37.218	40.321
Cashflow	73.469	85.708	92.211	139.162
Bruttoinvestitionen Anlagevermögen	49.517	54.805	44.020	55.035
Innenfinanzierungsquote	**148,37**	**156,39**	**209,48**	**252,86**
Jahresüberschuss	43.789	50.357	54.993	98.841
Gewinnsteuern	35.803	35.854	38.802	10.400
Summe	79.591	86.210	93.795	109.241
Eigenkapital der vorangegangenen Periode	259.536	276.602	291.434	249.860
Eigenkapitalrentabilität	**30,67**	**31,17**	**32,18**	**43,72**
Jahresüberschuss	43.789	50.357	54.993	98.841
Gewinnsteuern	35.803	35.854	38.802	10.400
Zinsaufwand	2.944	2.497	2.675	20.009
EBIT	82.533	88.708	96.470	129.250
Gesamtkapital der vorangegangenen Periode	499.109	554.324	575.114	563.568
Gesamtkapitalrentabilität	**16,54**	**16,00**	**16,77**	**22,93**
Jahresüberschuss vor Steuer	79.591	86.210	93.795	109.241
Umsatzerlöse	669.777	718.945	766.959	850.859
Umsatzrentabilität	**11,88**	**11,99**	**12,23**	**12,84**

Abbildung 13: Kennzahlen des Grohe-Konzerns von 1997 bis 2000 [166]

BC Partners modernisierte das Unternehmen, verbesserte Arbeitsabläufe, gab mehr Geld für Forschung und Entwicklung aus und erweiterte die Zahl der Produkte.[167] Kleinere Produktionsstätten in Deutschland wurden zusammengeführt und die Werke im Ausland vergrößert. Und während die Ausgaben für Investitionen anstiegen, blieb die Zahl der Mitarbeiter konstant.

Auch die Informationspolitik im Unternehmen klappte gut, in Interviews mit Beschäftigten wurde sie als professionell bezeichnet.[168] Das – und auch das Vorgehen im Unternehmen, ließ BC Partners bei den Beschäftigten und der Führung von Grohe in einem guten Licht stehen: „Wir sind freier, als wir es jemals waren", sagte der damalige Vorstandschef Peter Körfer-Schün im Jahr 2001.[169] Auch die Betriebsräte mochten den neuen Investor, besonders weil es keine größeren Produktionsverlagerungen gab – und damit auch keine Mitarbeiterentlassungen.

Auf der finanziellen Seite sah das Bild nach einigen Jahren unter BC Partners aber anders aus. Am deutlichsten erkennbar wurde das an der Eigen-

---

166 Quelle: Blome-Drees, Rang, (2006), S. 36
167 Vgl. Böttger (2006), S. 49
168 Vgl. Blome-Drees, Rang, (2006), S. 38
169 Vgl. Maier (2007), S. 35

kapitalquote im Unternehmen: Hier gab es einen sogenannten negativen Leverage-Effekt. Dabei liegt die Gesamtkapitalrentabilität unter dem Fremdkapitalzins.

Der Grund für diesen Effekt: Die Verschuldung und die Fremdkapitalzinsen waren zu hoch, Grohe musste seinen Cash Flow fast ausschließlich für die Abzahlung der ausstehenden Zinsen verwenden.

BC Partners hatte Grohe zu viel zugemutet.[170] Trotzdem schüttete sich BC Partners im Jahr 2003 eine Rendite von 200 Millionen Euro aus, indem sie Grohe noch mehr Schulden aufluden.[171]

	US-GAAP-Konzernabschlüsse			
Grohe-Konzern	**2000**	**2001**	**2002**	**2003**
Eigenkapital	168.024	139.768	151.368	82.139
Gesamtkapital	1.500.988	1.353.117	1.322.897	1.315.917
Eigenkapitalquote	**11,19**	**10,33**	**11,44**	**6,24**
Fremdkapitalquote	**88,81**	**89,67**	**88,56**	**93,76**
Jahresüberschuss	-21.940	-30.113	23.551	-18.932
Abschreibungen Anlagevermögen	115.792	113.314	74.091	59.777
Cashflow	93.852	83.201	97.642	40.845
Bruttoinvestitionen Anlagevermögen	63.093	36.884	44.977	45.403
Innenfinanzierungsquote	**148,75**	**225,57**	**217,09**	**89,96**
Jahresüberschuss	-21.940	-30.113	23.551	-18.932
Gewinnsteuern	-28.353	-5.828	26.332	41.601
Summe	-50.293	-35.941	49.883	22.669
Eigenkapital der vorangegangenen Periode	157.436	168.024	139.768	151.368
Eigenkapitalrentabilität	**-31,95**	**-21,39**	**35,69**	**14,98**
Jahresüberschuss	-21.940	-30.113	23.551	-18.932
Gewinnsteuern	-28.353	-5.828	26.332	41.601
Zinsaufwand	88.437	80.328	70.407	71.126
EBIT	38.144	44.387	120.290	93.795
Gesamtkapital der vorangegangenen Periode	1.470.027	1.500.988	1.353.117	1.322.897
Gesamtkapitalrentabilität	**2,59**	**2,96**	**8,89**	**7,09**
Jahresüberschuss vor Steuer	-50.293	-35.941	49.883	22.669
Umsatzerlöse	855.474	880.781	898.262	884.756
Umsatzrentabilität	**-5,88**	**-4,08**	**5,55**	**2,56**

Abbildung 14: Kennzahlen des Grohe-Konzerns von 2000 bis 2003[172]

Für BC Partners lohnte sich das Investment: Durchschnittlich machten sie eine jährliche Rendite von 22 Prozent[173], bevor sie das Unternehmen im Mai 2004 in einem Secondary Sale an die nächsten Private Equity-Gesellschaften weitergaben, die amerikanische Texas Pacific Group und die Credit Swiss First Boston.[174]

[170] Vgl. Blome-Drees, Rang, (2006), S. 38

[171] Vgl. Maier (2007), S. 34

[172] Quelle: Blome-Drees, Rang, (2006), S. 37

[173] Quelle: Maier (2007), S. 35

[174] Vgl. Blome-Drees, Rang, (2006), S. 39

5.3. Grohe unter TPG und CSFB

Der neue Eigentümer zahlte für das Unternehmen zwischen 1,5 und 1,8 Millionen Euro. 825 Millionen zahlte TPG für das Reinvermögen von Grohe, außerdem übernahmen sie Schulden in Höhe von rund 760 Millionen Euro.[175] BC Partners erhielt damit rund das 2,8fache seines Einsatzes zurück.[176]

Der neue Eigentümer, die Texas Pacific Group, hat den Ruf, sich in Unternehmen zu engagieren, die für andere Private Equity-Gesellschaften uninteressant sind. Sie gelten als harte Sanierer, die auch fast aussichtlose Investitionen wieder fit für den Wettbewerb machen können.[177] Das versuchen sie, indem sie Einfluss auf das Unternehmen ausüben, zum Beispiel, indem sie die Kontrolle im Aufsichtsrat erringen oder den Aufsichtsratsvorsitz beanspruchen. Die Texas Pacific Group engagiert sich meistens bei Unternehmen, die einen bekannten Namen haben und im Konsumgüter- oder Luxusbereich tätig sind.[178] Grohe war also ein Ziel nach Maß für die Private Equity-Gesellschaft.

Eine der ersten Maßnahmen der Texas Pacific Group: Sie setzten den Geschäftsführer ab.

Peter Körfer-Schün hatte 13 Jahre an der Spitze des Unternehmens gestanden, Grohe zu einer Weltmarke gemacht. TPG ersetzte ihn durch den Engländer David Haines, der zuvor als Marketingfachmann für Mars und Vodafone gearbeitet hatte.[179]

Im Unternehmen wurde dieser Schritt mit Unbehagen beobachtet: Körfer-Schün genoss hohes Ansehen im Unternehmen und verstand sich auf die Menschenführung. Haines hatte vor Grohe keinerlei Erfahrung als Vorstandschef, war in der Branche nicht zu Hause und hatte, so sagen Mitarbeiter im Unternehmen, keine Ahnung, wie man mit seinen Mitarbeitern umgeht.[180]

Wie zu erwarten war, wurde Grohes Führungsspitze unter TCP beinahe komplett ausgetauscht: Nur noch Produktions- und Arbeitsdirektor Spigiel blieb im Vorstand des Unternehmens. Im Aufsichtsrat saßen auf Seiten der Arbeitgeber ausschließlich Vertreter der beiden Private Equity-Gesellschaften TPG und CSFB. Die Texas Pacific Group begleitete das

---

175 Vgl. Frankfurter Rundschau vom 09.06.2005, S. 9
176 Maier (2007), S. 35
177 Vgl. Maier (2007), S. 111
178 Vgl. Faber (2006), S. 14
179 Vgl. Blome-Drees, Rang, (2006), S. 40
180 Vgl. Blome-Drees, Rang, (2006), S. 40

operative Geschäft von Grohe sehr eng. Eine Studie zeigte außerdem, dass sich das Verhalten im Unternehmen geändert habe, seit die nächste Private Equity-Gesellschaft das Sagen hat.

Die Zusammenarbeit mit Arbeitnehmervertretern und den Betriebsräten habe sich seit dem Einstieg von TPG radikal verschlechtert. Die neuen Eigentümer hätten weder Ahnung noch Gespür für die Unternehmenskultur im Hause Grohe. Im Unternehmen macht sich laut dieser Studie Unsicherheit und Ungewissheit über die Zukunft des Unternehmens breit.[181]

Der neue Vorstandschef Haines versuchte von Anfang an, Kosten zu sparen. Dazu flog er nach China, um sich mit der Materie vertraut zu machen und zu sehen, wie dort Badarmaturen hergestellt wurden. Seine Erkenntnisse: Die Zahl der Lieferanten müsse gekürzt werden, um mehr als zwei Drittel auf 1.500. Gleichzeitig wolle er die Zahl der Produkte reduzieren, um mehr als 60 Prozent auf 18.000.[182]

Die meiste Aufmerksamkeit widmete er aber dem Auslandsgeschäft von Grohe: Denn obwohl nur 20 Prozent der Produkte in Deutschland verkauft wurden, produzierte das Unternehmen hier rund 80 Prozent. [183] Die Unternehmensberatung McKinsey wurde beauftragt, einen Plan zu erarbeiten, um weitere Möglichkeiten zu finden, die Kosten zu senken. Ihre Erkenntnis: Die finanziellen Eckdaten des Unternehmens sind so schlecht, dass sie ein energisches Gegensteuern erfordern.

Die FAZ schrieb, dass McKinsey ein Programm namens „Fit for the future" vorgeschlagen habe: Das sah folgendes vor: Den Abbau von 1.500 bis 3.000 Arbeitsplätzen, dazu sollte Grohe in Deutschland nur noch als Holding fungieren, um den guten Namen des Unternehmens zu erhalten. Die Produktion sollte aber komplett nach China verlegt werden, die Logistik von Polen aus gesteuert werden. In Deutschland wären damit nur noch die Verwaltung und Teile des Designteams verblieben.[184] Geschäftsführer Haines sagte: „Wir müssen jetzt handeln, um die Zukunft des Unternehmens zu sichern."[185] Dabei ist zu sagen, dass auch der vorherige Eigentümer BC Partners der Meinung war, dass im Unternehmen große Umstrukturierungen nötig seien. Er führte diese Änderungen aber nie durch.

Die Einschnitte unter dem neuen Investor fielen weniger drastisch aus, als von McKinsey gefordert. 943 Mitarbeitern wurde bis Mitte 2005 gekün-

---

[181] Vgl. Blome-Drees, Rang, (2006), S. 43
[182] Vgl. Faber (2005), S. 16
[183] Quelle: Faber (2005), S. 16
[184] Vgl. Köhn (2005), Der Fall Grohe liefert Zündstoff [online]
[185] Ruess (2005) , S. 69

digt[186], weitere 205 sollten das Unternehmen im Rahmen der normalen Fluktuation verlassen.[187]

Außerdem wurde mit Herzberg nur ein Standort geschlossen, McKinsey hatte die Schließung von drei Werken vorgeschlagen, und zwar in Herzberg, Porta Westfalica und Lahr. Die FAZ schrieb verärgert: „Die Mitarbeiter von Grohe müssen für die Fehler des Managements von Grohe bezahlen".[188] Überhaupt sorgte der Fall Grohe für viele negative Schlagzeilen, die vor allem zu Lasten der Texas Pacific Group gingen. Wie eine Statistik belegt, die ein Mitbegründer der Texas Pacific Group in Auftrag gab, erschienen vier Artikel pro Arbeiter, der gekündigt wurde.[189]

Der Vorstand von Grohe, Detlev Spigiel sagte, Entlassungen seien immer bitter. Jede einzelne tue Grohe weh. Im Gesamtkonzept seien sie aber einfach notwendig, um im Markt bestehen zu können, und zwar an Produktionsstandorten mit hohen Umsätzen... und hohen Wachstumsraten.[190] Auf Grund der hohen Zinsbelastungen, die Grohe für die Schulden beim Unternehmenskauf bezahlen musste, stand im Jahr 2004 ein Rekordverlust von 100 Millionen Euro.[191]

Aber die Unternehmensführung sah Grohe auf dem richtigen Weg. David Haines sagte, für sein Unternehmen habe eine neue Wachstumsgeschichte begonnen. Die Entwicklungszeiten für neue Produkte wurden halbiert, das Produktportfolio ausgedünnt. Grohe punktete mit extrem reduziertem Design: Dafür errangen sie 2007 zum ersten Mal den begehrten Red Dot Award.[192]

Die neue Geschäftsführung stellte die gesamte Produktion um: In den deutschen Fabriken arbeiten heute mehr Roboter und weniger Menschen. Die schwierige Produktion von Badarmaturen wird zum Teil mechanisch erledigt. Das hat zwar Arbeitsplätze gekostet, sicherte auf der anderen Seite aber die Arbeit der Verbliebenen. TPC wollte erreichen, dass die wichtigsten 1.000 Produkte täglich zu 95 Prozent verfügbar sind, Jahre zuvor lag die Verfügbarkeit nur bei 50 Prozent.[193]

---

186 Blome-Drees, Rang, (2006), S. 40
187 Vgl. O. V. (2005) in FAZ Nr. 131, S. 16
188 O. V.(2005) in FAZ Nr.131, S. 16
189 Vgl. Maier (2007), S. 110
190 Vgl. Seipel (2006), S. 16
191 Vgl. Storn (2005), S. 25
192 Vgl. Maier (2007), S. 37
193 Quelle: Maier (2007), S. 36

Um all das zu erreichen, flog TPG auch Spezialisten aus New York ein. Für Werksleiter Meyer eine positive Erfahrung: „Unsere Strategie World Class Grohe wird unter TPG perfektioniert.“[194]

Auch die Wettbewerbsfähigkeit des Unternehmens sprach für die Private Equity-Gesellschaft: Kein Unternehmen der Branche war und ist so breit aufgestellt wie Grohe, rund 84 Prozent des Umsatzes machen sie mittlerweile außerhalb von Deutschland.[195] Dadurch kann das Unternehmen auch Schwächen in einigen regionalen Märkten ausgleichen.

Seit 2006 wächst Grohe wieder: Der Umsatz legte um 12 Prozent zu, der EBITDA um 11 Prozent, obwohl sich die Preis für Grohes wichtigsten Rohstoff, Messing, fast verdreifachten. Trotzdem trägt Grohe noch ein hohes finanzielles Risiko: Noch immer drücken Schulden in Höhe von 1,15 Milliarden Euro, mehr als das 8-fache des EBITDA laut der Ratingagentur von Standard & Poor's.[196]

Und auch die Investoren stehen unter Druck, schließlich haben sie Grohe damals zu einem Preis erworben, der vielen als überhöht erschien. Der Grund war damals wahrscheinlich, dass die Private Equity-Gesellschaft TPG ihr Geschäft in Deutschland mit allen Mitteln ausbauen wollte. Der deutsche Markt gilt in diesem Bereich als sehr lukrativ. Außerdem erhofften sich die neuen Eigentümer wohl stille Reserven, die allerdings schon im Zuge des Verkaufs von BC Partners und den vorangegangenen Rekapitalisierungen ausgeschüttet wurden.[197] Im vergangenen Jahr verlegte Grohe seine Firmenzentrale aus Hemer im Sauerland nach Düsseldorf. Der Grund: Im beschaulichen Hemer sei es Grohe nicht möglich gewesen, genügend Fachkräfte anzuwerben.[198]

In den ersten neun Monaten des Jahres 2008 konnte Grohe sein operatives Betriebsergebnis (EBITDA) weiter steigern, um mehr als 7 Prozent auf 161 Millionen Euro. Der Umsatz stieg um 1 Prozent auf 772 Millionen Euro,[199] und das trotz des wichtigen US-Marktes, der 9 Prozent des Umsatzes ausmacht und in diesem Jahr schwer einbrach.

---

194 Maier (2007), S. 37

195 Quelle: Gillmann (2008) Grohe gewinnt Marktanteile [online]

196 Vgl. Maier (2007), S. 38

197 Vgl. Köhn (2005), S. 22

198 Vgl. Lange (2008), Provinz ist nicht hinterwäldlerisch [online]

199 Vgl. O.V. (2008), Grohe steigert operatives Ergebnis in den ersten 9 Monaten [online]

Die Ziele der Private Equity-Gesellschaft sind sportlich: Trotz der enormen Schulden soll das Unternehmen hohe Gewinne bringen: 28 Prozent Rendite soll Grohe nach Medieninformationen abwerfen.[200]

5.4. Fazit Grohe

Der Einfluss auf die Unternehmensführung von Grohe zeigte sich schon in den ersten Monaten des zweiten Engagements einer Private Equity-Gesellschaft: Nicht nur der Geschäftsführer von Grohe wurde ausgetauscht, auch die gesamte Arbeitgeberseite im Aufsichtsrat bestand ausschließlich aus Mitarbeitern der TPG und CSFB.

Daraus lässt sich aber keine allgemein gültige Definition ableiten. Es ist vielmehr die generelle Strategie von TPG, so vorzugehen. Das haben sie schon in zahlreichen anderen Fällen gezeigt. Über den Einfluss der Private Equity-Gesellschaft auf die Unternehmensführung sprach Geschäftsführer David Haines in einem Interview mit dem WDR: „Das Konzept von Private Equity ist: Man kauft eine Firma und man verkauft sie zum Gewinn. In der Tat haben wir einen Zeitraum von grob fünf Jahren. In der Realität können (es) fünf, vier, können aber auch sieben Jahre werden. Wo wir auch sehen müssen, dass wir in diesem Fünf-Jahres-Zeitraum ein gesundes, erfolgreiches Unternehmen haben. Klar positionierte Marke, exzellente Mitarbeiter, innovative Produkte, profitabel auf den Markt gebracht. Unter diesem Erfolgsdruck, wenn Sie so wollen, stehen ich und meine Kollegen."[201]

Grohe hatte es mit zwei Private Equity-Eigentümern zu tun, die sehr unterschiedlich agierten. BC Partners ließ Grohe viele Freiheiten, entzog dem Unternehmen gleichzeitig aber auch viel Kapital. Daran hat das Unternehmen noch bis heute zu kämpfen. TPG erwarb sich einen schlechten Ruf, weil es Mitarbeiter entließ und Standorte zumachte. Im Endeffekt waren diese Schritte aber wohl notwendig, um das Unternehmen vor dem finanziellen GAU zu retten. Was den Einfluss auf die Unternehmensführung angeht, ist TPG nah am operativen Geschäft, während sich BC Partners zurückhielt. Das hängt auch damit zusammen, dass BC Partners ein gesundes Unternehmen übernahm, das eigentlich keine Hilfe bei Managementfragen brauchte, während Grohe unter der Texas Pacific Group bereits ein Sanierungsfall war.

---

200 O.V. (2008), Geschäftsführer geht zu Grohe [online]

201 Seipel (2006), S. 4 und 5

6. Generelles Fazit

Welchen Einfluss haben Private Equity-Gesellschaften auf die Unternehmensführung? Viele Beispiele zeigen, dass die Investoren auf Grund ihrer hohen Renditeforderungen mehr Druck auf das Unternehmen und auch auf die Unternehmensführung ausüben. Für viele Manager fallen unter Private Equity-Ägide verschiedene Annehmlichkeiten des Vorstandslebens weg, zum Beispiel der große Dienstwagen mit Chauffeur. Diese „Perks" streichen die Private Equity-Manager meistens sofort.[202]

Um ihre Rendite zu erhöhen, werden die Private Equity-Gesellschaften auch in Zukunft die altbekannten Mittel einsetzen: Mitarbeiter entlassen, Zahlungsziele verlängern, Konzernteile verkaufen. Den deutschen Konzernen hat das bis zu einem gewissen Grad sogar gut getan, sie wurden verschlankt, und sie können teilweise im internationalen Wettbewerb besser bestehen. Dabei versuchen auch die Private Equity-Gesellschaften nur, die Renditeforderungen ihrer Kapitalgeber zu erfüllen.[203] Ihre Forderungen bei der Unternehmensführung setzen sie durch, indem sie finanzielle Anreize schaffen, zum Beispiel durch eine Beteiligung des Managements am Unternehmen.

Private Equity-Gesellschaften können auch die Funktion eines Kontrollorgans übernehmen: Indem sie sich einen oder mehrere Sitze im Aufsichtsrat sichern, nehmen sie effektiv Einfluss auf die Strategie des Unternehmens.[204]

Neben der Fixierung auf die Rendite müssen sich Private Equity-Gesellschaften aber darauf einstellen, dass die Manager erwarten, dass der neue Investor auch etwas vom Geschäft versteht: Private Equity-Gesellschaften, die aktiv an der Unternehmensstrategie und dem operativen Geschäft teilnehmen wollen, brauchen das Fachwissen der jeweiligen Branche, um im Kampf um die höchsten Renditen bestehen zu können.

Die Frage bleibt, ob eine Private Equity-Gesellschaft nur Investor oder auch Manager sein will. Die Antwort unterscheidet sich dabei von Fall zu Fall. Die Führung des Unternehmens tendiert dazu, einen Eigentümer zu bevorzugen, der sich nicht in die operativen Geschäfte einmischt. Einige Private Equity-Gesellschaften sehen das anders: „In den 90er Jahren haben wir eine Menge Fehler gemacht", sagt Henry Kravis, einer der Gründer von KKR.[205]

---

202 Vgl. Schäfer (2006), S. 187 ff

203 Vgl. Kamp, Krieger (2005), S. 58

204 Vgl. Kamp, Krieger (2005), S. 62

205 Schäfer (2006), S. 77

„Wir haben damals erkannt, dass es nichts mit Intelligenz zu tun hat, ein Unternehmen zu kaufen – jeder kann das. Intelligent ist, was man aus dem Unternehmen macht.“ (...) „Wir haben damals erkannt, dass wir nur einen Mehrwert schaffen können, wenn wir lernen zu denken und zu handeln wie ein Industrieller. (...) Jeder unserer Partner und ihre Mannschaften sind jetzt auf eine Industrie spezialisiert. Wir haben (...) Manager eingestellt, die aus dem operativen Geschäft kommen.“ (...) „Früher haben wir angenommen, das Management würde das tun, was wir von ihm erwarten. Wir dachten, sie würden die Straße hinuntergehen und dann rechts abbiegen. Wenn wir dann nach ihnen schauten, stellten wir fest, sie waren links abgebogen. Das ist jetzt anders, es gibt eindeutige Vorgaben.“[206]

Wer führt ein Unternehmen, die Private Equity-Gesellschaft oder das Management? Am Ende ist das für den Erfolg des Unternehmens oft gar nicht so entscheidend: Denn der Erfolg hängt vor allem von der Qualität der Führung ab. Dafür ist teilweise das Management besser geeignet, aber manchmal eben auch der Private Equity-Investor. (siehe auch: Anlage 5: Die Zukunft von Private Equity)

---

[206] Vgl. Schäfer (2006), S. 77-78

Anhang

Anlage 1: Der Leverage-Effekt[207]

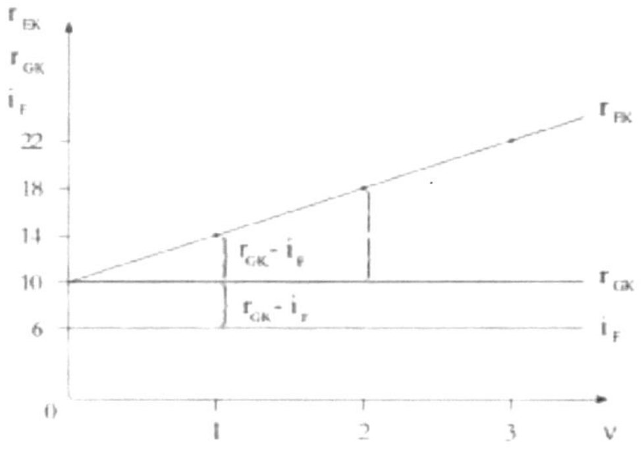

Abbildung 15: Grafik zum Leverage-Effekt[208]

Ein Unternehmen verfügt über Eigenkapital in Höhe von 1.000. Das Eigenkapital EK verzinst sich mit 10 Prozent pro Jahr (rgk = 10 Prozent), Fremdkapital FK kann zu 6 Prozent aufgenommen werden (iF = 6 Prozent).

Der Leverage-Effekt zeigt, wie sich die Erhöhung des Verschuldungsgrades v auf die Eigenkapitalrentabilität rEK auswirkt. Dabei gilt:

Ist rGK > iF, dann steigt rEK (positiver Hebeleffekt)

Ist rGK < iF, dann fällt rEK (negativer Hebeleffekt)[209]

---

207 Wöhe (2002), S. 753 ff

208 Quelle: Wöhe (2002), S. 754

209 Wöhe, S. 753 ff

Anlage 2: Wichtige Kennzahlen bei der Unternehmensakquise[210]

EBITDA: Earnings before Interest, Taxes, Depreciation and Amortization; Gewinn vor Zinsen, Steuern, Abschreibungen auf Sachanlagen und Abschreibungen auf immaterielle Vermögensgegenstände. Ist besonders wichtig beim Vergleich von Unternehmen, die innovativ oder hochmodern sind, weil der EBITDA aussagt, wo die Unternehmen ohne ihre hochtechnischen Anlagen stehen würden.

EBIT: Earnings before interest and taxes. Wichtig, um Unternehmen vergleichen zu können, die international agieren. Der Grund: In verschiedenen Ländern gibt es auch verschiedene Methoden der Besteuerung und der Abschreibung. Beim EBIT und auch dem EBITDA werden diese Unterschiede sozusagen herausgerechnet.

Wichtig ist dabei, dass der EBIT immer nur mit dem anderen EBIT und der EBITDA immer nur mit dem anderen EBITDA verglichen werden darf.

[210] Vgl. Vorlesung Stauffert, 04.07.2008

Anlage 3: Größe von Private Equity-Fonds

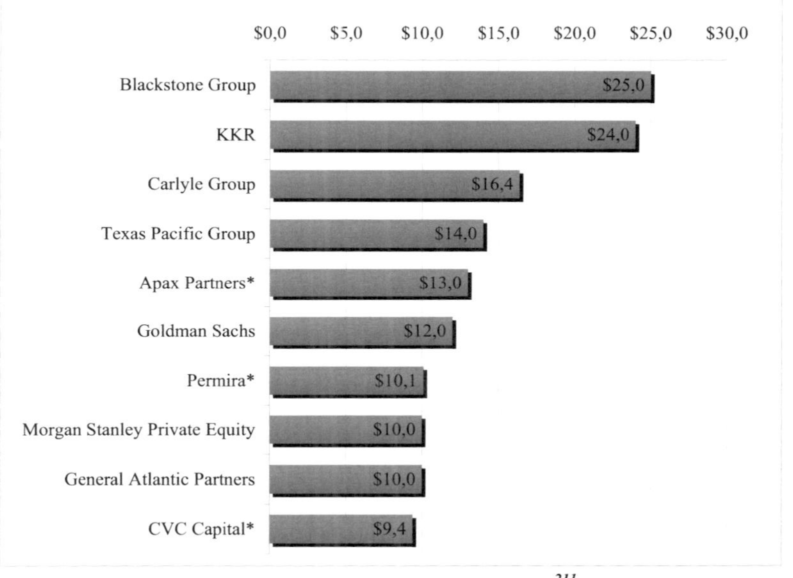

Abbildung 16: Private Equity-Fonds 2006, USA (in Milliarden US-Dollar)[211]

211 Quelle: Böttger (2006) , S. 43

Anlage 4 : Thomas Krenz im Interview mit dem Spiegel (Ausschnitt)[212]

(...)

Spiegel: Warum versprechen Sie den Leuten, die bei Permira Geld anlegen, 20, 25 Prozent Rendite? Ist doch absurd.

Krenz: Wir versprechen gar nichts. Es gibt lediglich Erwartungen, denen wir versuchen, gerecht zu werden. Und die liegen im Übrigen nicht höher als bei guten deutschen Mittelständlern. Dabei ist klar, dass wir auch ein unternehmerisches Risiko eingehen. Wer zu uns kommt, traut uns zu, dass wir diese hohen Renditen liefern.

Spiegel: Ihre Anleger sind Pensionsfonds und Versicherungen. Die erwarten selbst jetzt noch solch hohen Renditen?

Krenz: Der Kapitalmarkt erwartet die. Auch wenn solche Zahlen zurzeit stigmatisiert werden, gerade in Deutschland. Es gibt wohl keine andere so gut funktionierende Volkswirtschaft wie die deutsche, wo zugleich die Diskrepanz so enorm ist zwischen der Wahrnehmung ökonomischer Prozesse durch die Öffentlichkeit und dem, was tatsächlich passiert. (...)

Anlage 5: Die Zukunft von Private Equity

Milliarden-Deals wie zu Beginn des neuen Jahrtausends werden in Zukunft wohl eher die Ausnahme bleiben, denn die Finanzkrise zwingt viele Private Equity-Gesellschaften zu drastischen Einschnitten. Der Grund: Die Banken verleihen kaum mehr Kapital, 2008 wurde nur halb so viel Geld für Private Equity-Transaktionen ausgegeben wie im Jahr zuvor. Es wird sich wohl erst in den kommenden Jahren zeigen, wie viele Investoren diese schwierige Zeit überhaupt überleben.[213] [214]

---

212 Tuma, Pauly (2008), S. 85

213 Vgl. O.V. (2008) Wirtschaftskrise: Finanzinvestoren brechen die Geschäfte weg [online]

214 Vgl. Halstrick, P. (2008) Abschwung: Finanzinvestoren geraten in den Sog der Krise [online]

Literaturverzeichnis

Literatur

Bader, H. (1996): *Private Equity als Anlagekategorie*, Bern 1996

Baschung, S., Koller, M. (2002): *Private Equity*, Swiss Banking Institute, Zürich 2002

Blome-Drees, J., Rang, R. (2006): *Private Equity-Investitionen in deutsche Unternehmen und ihre Wirkungen auf die Mitarbeiter. Eine konzeptionelle und empirische Analyse.* Dokumentation auf der Grundlage von leitfadengestützten Interviews mit Aufsichts- und Betriebsräten der Grohe AG & Co. KG im Auftrag der Hans-Boeckler-Stiftung, Köln 2006

Böttger, C. (2006): *Strukturen und Strategien von Finanzinvestoren*, Hans Böckler-Stiftung, Düsseldorf 2006

Brettel, M., Kauffmann, C., Kühn, C., Sobczak, C. (2008): *Private Equity-Investoren*,

Stuttgart 2008

Bundesverband Alternative Investments (BAI) (2002): *Alternative Investments – Grundlagen, Produkte, Chancen und Risiken*, Bonn 2002

Burrough, B., Hellyar, J. (2000): *barbarians at the gate*, London 2000

Daniels, Holger von (2005): *Private Equity Secondary Transactions: Chancen und Grenzen des Aufbaus eines institutionalisierten Secondary* 1. Auflage, Wiesbaden 2005

Grabherr, O. (2001): *Risikokapitalinstrumente im unternehmerischen Wachstumszyklus*; in: Stadler, W., Venture Capital und Private Equity, Köln 2001

Graf, S., Gruber, A., Grünbichler, A. (2001): *Alternative Anlagekategorien*, Verlag Neue Zürcher Zeitung, Zürich 2001

Kaiser, D. (2004): *Hedgefonds - Entmystifizierung einer Anklagekasse Strukturen Chancen - Risiken*, Wiesbaden 2004

Kamp, L., Krieger, A. (2005): *Die Aktivitäten von Finanzinvestoren in Deutschland*, Hans Böckler-Stiftung, Düsseldorf 2005

Köhn, R. (2005): *Der Fall Grohe liefert Zündstoff*, in: Frankfurter Allgemeine Zeitung, Nr. 120, S.22 vom 27.05.2005

Maier, A. (2007): *Der Heuschreckenfaktor*, München 2007

Majunke, S. (2008): *Private Equity Yearbook 2007*, 3. Auflage, Gaggenau 2008

O.V. (2005): *Der aktuelle Begriff*, in: Wissenschaftliche Dienste des Deutschen Bundestages, 13.06.2005

O.V. (2005): *Finanzexperten fordern klare Regeln für Großinvestoren,* in: Handelsblatt Nr. 92 vom 13.-15.05.2005, S. 25

O. V. (2005): *Grohe kündigt 943 Mitarbeitern*, in: Frankfurter Allgemeine Zeitung, Nr. 131 vom 09.06.2005, S.16

Ruess, A. (2005): *Ungleiche*, in: Wirtschaftswoche, Nr. 23 vom 02.06.2005, S. 69

Rügemer, W. (2005): *Die Plünderer sind da*, in: metall – Das Monatsmagazin, S. 15-17, Ausgabe 5/2005

Schäfer, D. (2006): *Die Wahrheit über Heuschrecken*, Frankfurt 2006

Seipel, H. (2006): *Und du bist raus –Wie Investoren die Traditionsfirma Grohe auspressen,* Skript zum Film, Sendung am 11.06.2006, 23.30-0.15 Uhr in der ARD und 06.03.06, 22.30 Uhr, WDR „die story", Redaktion Jürgen Thebrath

SPD Programmheft (2005): *Wohlstand heute und morgen*, Berlin, April 2005

Tuma, T., Pauly, C. (2008): *Auch wir machen Fehler,* Interview mit Thomas Krenz im Spiegel, Nr. 46, S.84-86 vom 10.11.2008

Wöhe, G. (2002): *Einführung in die allgemeine Betriebswirtschaftslehre*, München 2002

ZEPHYR-Datenbank (2008): *Weltweite M&A-Aktivitäten seit 2009,* Bureau van Dijk Electronic Publishing; Berechnungen des ZEW

Interviews

Corbin, R., Argyll, London, 18.12.2008

Ehemalige Führungspersönlichkeit „A", 14.12.2008 (Name dem Autor bekannt)*

Ehemalige Führungskraft „Y", 19.12.2008 (Name dem Autor bekannt)*

Ehemaliger Vorstandsvorsitzender „Z", 16.12.2008 (Name dem Autor bekannt)*

Führungskraft „B", 14.04.2008 (Name dem Autor bekannt)*

Hülscher-Godau, U., Arbeitnehmervertreter im Aufsichtsrat von Woolworth, Kiel, 03.12.2008

Kruse, C., Gesamtbetriebsratsvorsitzender Woolworth, Dielheim, 03.12.2008

Rügemer, W., Köln, 02.12.2008

**Einige Gesprächspartner bestehen auf Anonymität, weil sie sich vertraglich verpflichtet haben, nicht öffentlich über ihren Arbeitgeber zu sprechen*

Online-Quellen

Gillmann, W. (2008): *Grohe gewinnt Marktanteile,* http://www.handelsblatt.com/unternehmen/industrie/grohe-gewinnt-marktanteile;2030930, Abruf September 2008

Halstrick, P. (2008) *Abschwung: Finanzinvestoren geraten in den Sog der Krise* http://www.spiegel.de/wirtschaft/0,1518,596071,00.html, Abruf Dezember 2008

Heuser-Greipl, Dr. U. (2008): *Grohe AG nach dem dritten Quartal 2008: Ergebnis mehr als sieben Prozent über dem Vorjahr* http://www.grohe.de/p/22_1564.html?item=203&id_cat=16, Abruf November 2008

Heuser-Greipl, Dr. U. (2009): *Grohe – Position der Stärke* http://www.grohe.de/p/22_20277.html?item=245&id_cat=16, Abruf März 2009

Lange, A. (2008): *Provinz ist nicht hinterwäldlerisch,* http://www.presseschleuder.com/2008/11/15/%E2%80%9Eprovinz%E2%80%9C-ist-nicht-%E2%80%9Ehinterwaldlerisch%E2%80%9C/, Abruf Dezember 2008

Metzner, M. (2007): *Woolworth geht an Argyll Partners* http://www.textilwirtschaft.de/news/topnews/pages/show.php?id=45612, Abruf Januar 2009

Müller (2008): *Woolworth entdeckt Apothekenmarkt* http://www.apotheke-adhoc.de/index.php?m=1&s=2&showPage=1&id=4778, 21.11.2008, Abruf November 2008

O.V., (2008): *Dachfonds*, http://boerse.ard.de/content.jsp?key=dokument_176136, Abruf November 2008

O.V. (2008), *Deal Flow*, http://www.foerderland.de/1310+M529a4a6ce5b.0.html, Abruf November 08

O.V. (2006): *Deutsche Woolworth steht zum Verkauf*, http://www.manager-magazin.de/unternehmen/artikel/0,2828,430347,00.html, Abruf November 2008

O.V. (2008): *Fungibilität*, http://www.wirtschaftslexikon24.net/d/fungibilitaet/fungibilitaet.htm, Abruf Dezember 2008

O.V. (2009): *Grohe Produktkatalog,* http://www.grohecatalog.com/g/newlogo.gif, Abruf März 2009

O.V. (2008): *Grohe steigert operatives Ergebnis in den ersten 9 Monaten,* http://www.ad-hoc-news.de/grohe-steigert-operatives-ergebnis-in-ersten-neun-monaten--/de/Wirtschaft-Boerse/Marktberichte/19895165, Abruf November 2008

O.V. (2008): *Geschäftsführer geht zu Grohe,* http://www.manager-magazin.de/koepfe/personalien/0,2828,527692,00.html, Abruf November 2008

O.V. (2005): *Heuschreckenliste trifft auf Unverständnis*, http://www.stern.de/wirtschaft/unternehmen/:Reaktionen-Heuschreckenliste-Unverst%E4ndnis/539803.html, 29.04.2005, Abruf 26.09.2008

O.V. (2008): *HR Due Diligence*, http://www.simson-consulting.de/index.php?id=portfolio_hr, Abruf Oktober 2008

O.V. (2009): *Insolvenzverwalter: Woolworth ist noch liquide* http://newsticker.sueddeutsche.de/list/id/606611, Abruf April 2009

O.V., (2008): *Leveraged Buy-Out*, http://www.wirtschaftslexikon24.net/d/leveraged-buy-out/leveraged-buy-out.htm, Abruf November 2008

O.V. (2008) *Magisches Dreieck: Rendite, Risiko und Liquidität*, http://www.focus.de/finanzen/boerse/aktien/tid-7448/boersenweisheiten_aid_133281.html, Abruf Dezember 2008

O.V., (2008): *MBI-MBO* http://www.mbi-mbo.com/was_ist_der_unterschied_zwischen_private_equity_und_hedge_funds.html , Abruf November 2008

O.V. (2008): *Private Equity*, http://www.fondsvermittlung24.de/private-equity.html, Abruf November 2008

O.V. (2008): *Private Equity-Renditen bleiben trotz Krise stabil*, http://www.boerse-express.com/pages/648371, Abruf März 2008

O.V. (2009): *Stabswechsel bei Woolworth*, http://www.woolworth.de/downloads/presse_090304.pdf, Abruf März 2009
O.V., (2008): *Tax Shield*, http://www.isb.uzh.ch/financewiki/index.php/Tax_Shield, Abruf November 2008

O.V. (2006), *Was ist eigentlich Due Diligence?* http://www.manager-magazin.de/it/gruender/0,2828,451205,00.html, Abruf Oktober 2008

O.V. (2008) *Wirtschaftskrise: Finanzinvestoren brechen die Geschäfte weg*, http://www.spiegel.de/wirtschaft/0,1518,598672,00.html Abruf Dezember 2008

O.V. (2008): *Woolworth*, http://www.woolworth.de/unternehmen/ueber-uns/gut-guenstig-nah, Abruf November 2008

O.V. (2008): *Woolworth Deutschland erfolgreich auf Wachstumskurs*, http://www.woolworth.de/downloads/presse_081127.pdf, Abruf November 2008

O.V. (2005): *Woolworth-Logo*, http://www.presseportal.de/pm/53642/749385/deutsche_woolworth_gmbh_co_ohg, Abruf März 2009

O.V., (2008): *Woolworths steht vor dem Aus,* http://www.spiegel.de/wirtschaft/0,1518,593000,00.html, Abruf November 2008

O.V. (2006): *Deutsche Woolworth steht angeblich zum Verkauf,* LZ-NET, http://www.lz-net.de/archiv/lznet/mylznet/pages/show.prl?params=keyword%3D%26all%3D%26type%3D%26where%3D%26suchid%3D690023%26quelle%3D1%26laufzeit%3D&id=53806&currPage=3, Abruf November 2008

O.V. (2001): *Electra Fleming kann sich nicht durchsetzen*, LZ-NET, http://www.lz-net.de/archiv/lznet/mylznet/pages/show.prl?params=keyword%3D%26all%3D%26type%3D%26where%3D%26suchid%3D690023%26quelle%3D1%26laufzeit%3D&id=23831&currPage=8, Abruf Oktober 2008

O.V. (2007): *Harte Einschnitte bei Woolworth*, LZ-NET, http://www.lz-net.de/archiv/lznet/mylznet/pages/show.prl?params=keyword%3D%26all%3D%26type%3D%26where%3D%26suchid%3D704803%26quelle%3D1%26laufzeit%3D&id=61539&currPage=2, Abruf November 2008

O.V. (2007): *Investoren lassen Woolworth hängen,* LZ-NET, http://www.lz-net.de/archiv/lznet/mylznet/pages/show.prl?params=keyword%3D%26all%3D%26type%3D%26where%3D%26suchid%3D690023%26quelle%3D1%26laufzeit%3D&id=59204&currPage=3, Abruf November 2008

O.V. (2001): *Investoren machen ernst,* LZ-NET, http://www.lz-net.de/archiv/lznet/mylznet/pages/show.prl?params=keyword%3D%26all%3D%26type%3D%26where%3D%26suchid%3D690023%26quelle%3D1%26laufzeit%3D&id=59204&currPage=2, Abruf März 2009

O.V. (2001): *Jetzt herrscht erst einmal Ruhe,* LZ-NET, http://www.lz-net.de/archiv/lznet/mylznet/pages/show.prl?params=keyword%3D%26all%3D%26type%3D%26where%3D%26suchid%3D690023%26quelle%3D1%26laufzeit%3D&id=16575&currPage=1, Abruf März 2009

O.V. (2008), *Woolworth: Der Spielraum wird eng*, LZ-NET, http://www.lz-net.de/archiv/lznet/mylznet/pages/show.prl?params=keyword%3D%26all%3D%26type%3D%26where%3D%26suchid%3D704803%26quelle%3D1%26laufzeit%3D&id=62741&currPage=2, Abruf November 2008

O.V. (2000): *Woolworth dreht an der Personalkostenschraube*, LZ-NET, http://www.lz-net.de/archiv/lznet/mylznet/pages/show.prl?params=keyword%3D%26all%3D%26type%3D%26where%3D%26suchid%3D690023%26quelle%3D1%26laufzeit%3D&id=16575&currPage=1, Abruf Oktober 2008

O.V. (2008): *Woolworth glaubt an Umsatzplus,* LZ-NET, http://www.lz-net.de/archiv/lznet/mylznet/pages/show.prl?params=keyword%3D%26all%3D%26type%3D%26where%3D%26suchid%3D704803%26quelle%3D1%26laufzeit%3D&id=69780&currPage=1, Abruf November 2008

O.V. (2008): *Woolworth ist kaum zu bezahlen* LZ-NET, http://www.lz-net.de/archiv/lznet/mylznet/pages/show.prl?params=keyword%3D%26all%3D%26type%3D%26where%3D%26suchid%3D690023%26quelle%3D1%26laufzeit%3D&id=53890&currPage=3, Abruf Oktober 2008

O.V. (2003): *Woolworth macht Fortschritte*, LZ-NET, http://www.lz-net.de/archiv/lznet/mylznet/pages/show.prl?params=keyword%3D%26all%3D%26type%3D%26where%3D%26suchid%3D690023%26quelle%3D1%26laufzeit%3D&id=31750&currPage=7, Abruf November 2008

O.V. (2005): *Woolworth muss sparen*, LZ-NET, http://www.lz-net.de/archiv/lznet/mylznet/pages/show.prl?params=keyword%3D%26all%3D%26type%3D%26where%3D%26suchid%3D690023%26quelle%3D1%26laufzeit%3D&id=45952&currPage=5, Abruf November 2008

O.V. (2000): *Woolworth poliert Image auf*, LZ-NET, http://www.lz-net.de/archiv/lznet/mylznet/pages/show.prl?params=keyword%3D%26all%3D%26type%3D%26where%3D%26suchid%3D690023%26quelle%3D1%26laufzeit%3D&id=18839&currPage=9, Abruf November 2008

O.V. (2007), *Woolworth steht Rosskur bevor*, LZ-NET, http://www.lz-net.de/archiv/lznet/mylznet/pages/show.prl?params=keyword%3D%26all%3D%26type%3D%26where%3D%26suchid%3D704803%26quelle%3D1%26laufzeit%3D&id=61915&currPage=2, Abruf November 2008

O.V. (1999): *Woolworth sieht schwarze Zahlen*, LZ-NET, http://www.lz-net.de/archiv/lznet/mylznet/pages/show.prl?params=keyword%3D%26all%3D%26type%3D%26where%3D%26suchid%3D690023%26quelle%3D1%26laufzeit%3D&id=14648&currPage=1, Abruf November 2008

O.V. (2008): *Woolworth versucht sich an neuen Konzepten*, LZ-NET, http://www.lz-net.de/archiv/lznet/mylznet/pages/show.prl?params=keyword%3D%26all%3D%26type%3D%26where%3D%26suchid%3D690023%26quelle%3D1%26laufzeit%3D&id=51221&currPage=4, Abruf Oktober 2008

O.V. (2006): *Woolworth verkauft Distributionszentrum*, LZ-NET, http://www.lz-net.de/news/topnews/pages/protected/show53552.html, Abruf Januar 2009

Seidel, H. (2009): *Kik und Reno wollen Woolworth-Läden übernehmen*

http://www.welt.de/wirtschaft/article3573484/Kik-und-Reno-wollen-Woolworth-Laeden-uebernehmen.html, Abruf April 2009

Simpson, X. (2008): *Management Buy-Ins, Management Buy-Outs*, http://www.bdosx.ie/bdoie/website/bdoie/webcont.nsf/ee1fca5ef518609f8025695a004762b7/04a6d8f284f18440802570460O534fbe?OpenDocument, Abruf November 08

Storn, A. (2005): *Abgedreht* in: Die Zeit Nr. 24 vom 09.06.2005, http://www.zeit.de/2005/24/Grohe, Abruf Dezember 2008

Wache, P. (2006), *Zahlreiche Unternehmen haben die Preise schon angehoben,* Interview mit Woolworth-Geschäftsführer Robert Brech, http://www.berlinonline.de/berliner-zeitung/archiv/.bin/dump.fcgi/2006/1026/wirtschaft/0009/index.html, Abruf Oktober 2008

Danksagung

Zahlreiche Menschen haben bei der Entstehung dieses Buches mitgewirkt: Ich danke vor allem meiner Mutter Ursula Heckmair für die Motivation zum Thema, meiner Freundin Anna Lindbüchl, die mich auf zahlreiche Fehler aufmerksam gemacht hat, und der Hochschule Landshut, insbesondere Prof. Dr. Thomas Stauffert.